# STOP BASURA

La verdad sobre reciclar

Alex Pascual

Edición: Enero de 2019

© Alex Pascual
www.stopbasura.com

Diseño cubierta: Ignacio García Bermúdez
Revisión de texto. Mercedes Puigmartí

ISBN: 978-15-331-7755-1

Printed by CreateSpace, An Amazon.com Company

*Este libro está dedicado a mis padres, Montse y Juan,*
*a mis amigos y a todos aquellos que creen que*
*podemos dejar un mundo mejor*
*a las siguientes generaciones...*
*entre las cuales se encuentran*
*mis queridos sobrinos:*
*Joan, Carla, Rita y Ramón*

# ÍNDICE

# 1.
# PRESENTACIÓN

## 1.1. ¿Por qué escribo este libro?

No sé por qué pero siempre he estado sensibilizado con el medio ambiente. Cada uno tiene sus inquietudes.

A nivel profesional he desarrollado diferentes trabajos relacionados con el medio ambiente (residuos y aguas) y más en concreto con los residuos y el reciclaje.

Si bien mi actual cargo de técnico municipal me ha permitido ver y comprobar qué se recicla en cada contenedor, la cantidad de residuos que se separa y el comportamiento de este sector industrial, que, aunque de basura se trate, está muy profesionalizado.

Mi visión profesional, lejos de convertirme en un especialista técnico del tratamiento de residuos, me proporciona una visión global del proceso de gestión de los residuos; cómo reciclan las personas particulares, usan lo contenedores, en qué plantas acaba la basura, en qué cantidades, y me permite conocer y explicar las diferentes opciones actuales en cuanto al reciclaje de nuestra basura se refiere.

Cuando desarrollo mi trabajo, tengo que decir a la gente, a la ciudadanía y a las personas en definitiva, que reciclen, que es bueno para el entorno, para el medio ambiente y les suelto el discurso típico y tópico…Y es entonces cuando me asaltan algunas dudas: ¿De verdad es importante reciclar?

¿Por qué? ¿Qué impacto tiene el reciclaje de residuos en el medio ambiente? ¿Qué impactos tiene sobre el agua, en la tierra y sus recursos, en la atmósfera? ¿Tanto afecta la basura sobre al medio ambiente? ¿En qué proporción? ¿Y qué hay de la incineración? ¿Es realmente perjudicial? ¿Qué pasa con los vertederos? ¿Se generan más empleos reciclando nuestros residuos? ¿Qué impacto tiene la industria del reciclaje en la economía? Lo cierto es que la comunicación que se ofrece al respecto no suele cuantificar los beneficios del reciclaje. Por eso empecé a indagar acerca de los porqués del reciclaje y de *la verdad sobre reciclar*.

## ¿De verdad es importante reciclar?

Desde un punto de vista, más personal y social, veo en mi entorno a amigos y familiares, así como mucha gente con diferente formación (estudios, universitarios o no), diferentes profesiones (diseñadores, ingenieros, artistas, administrativos, operarios, managers, entre otros), diferentes edades -en especial, la gente joven nacida en nuestro país en el seno de la democracia- educados en los valores de la ecología y respeto al medio ambiente y, sencillamente… no reciclan. No les interesa el reciclaje. Dicen que eso de reciclar es una cosa sucia. La basura "apesta". Algunos se justifican diciendo "¿Para qué voy a reciclar si luego lo mezclan todo?," una leyenda urbana, y que dicho sea de paso una absoluta y rotunda mentira. Otros alegan "no tengo sitio para tantos cubos de basura diferentes." Son todo excusas, creo yo, que vienen a ser diferentes maneras de calmar su propia conciencia.

En definitiva, a raíz de estas dudas y sobre todo de la necesidad de explicar a quienes no reciclan porqué es bueno hacerlo, escribo este libro.

Pretendo explicar el "mundo" del reciclaje de una manera amena pero a la vez con información suficiente para entender *el qué, el cuánto y el porqué* de reciclar nuestros residuos, a partir de información contrastada, y sobre todo con criterio suficiente para, saber qué fuentes son veraces y oficiales, y permiten ilustrar las explicaciones con datos palpables y cuantificables.

El objetivo no es sólo "el cuidado del medio ambiente", sino el cuidado del único planeta que tenemos, y demostrar que el reciclaje nos afecta a nosotros directamente, a nuestra calidad de vida, a las generaciones futuras y en definitiva, nos hace sentirnos *más felices* con nosotros mismos y con nuestras acciones.

El libro está escrito con un estilo directo, como si el lector y yo estuviéramos hablando cara a cara y le explicase lo que sé sobre el reciclaje de residuos.

Espero que os guste, os divierta y os cause al menos curiosidad ¡Buena lectura!

## 1.2. ¿Por qué estoy cualificado para escribir este libro?

Repaso en breve mi trayectoria para poder explicar por qué estoy preparado para escribir este libro.

Siempre he estado sensibilizado con el medio ambiente. Durante la carrera de ingeniería industrial en la UPC (Universidad Politécnica de Cataluña), cursé diversas asignaturas optativas relacionadas con el medio ambiente e incluso hice prácticas durante un verano montado en un camión de basura del Ayuntamiento de Sant Cugat del Vallés para llevar a cabo un control de calidad.

Creo que fue ese trabajo de becario el que me abrió las puertas de la consultora ambiental de ingeniería de servicios donde estuve trabajando casi 5 años en varios proyectos para el Ayuntamiento de Barcelona, dando soporte al plan estratégico de gestión residuos de la Ciudad y al nuevo concurso público de los servicios de recogida de basura y limpieza viaria. Un mundo apasionante, y aunque tratándose basura, ¡un sector muy profesionalizado!

Sin embargo, cuando más he aprendido acerca de la gestión directa de los residuos y de la importancia del reciclaje ha sido durante los más de 6 años que llevo trabajando en el Ayuntamiento del Prat del Llobregat, gestionando los servicios municipales y las diferentes contratas de limpieza y residuos. Esta labor me ha permitido conocer en primera persona, la importancia de las medias que se toman desde la administración y del buen trabajo que muchos funcionarios hacen por los demás. Por eso, quiero compartirlo contigo.

Mi compromiso es hablar claro y con sencillez de los aspectos del reciclaje, sin posicionarme pero llegando a conclusiones, con datos fiables y contrastables, apoyados en diferentes organismos oficiales, municipales, autonómicos, estatales, europeos e internacionales.

He intentando ser lo menos técnico posible, exponer 3 ideas clave de cada capítulo y he abreviado algunos aspectos para no hacer pesada la lectura. Espero que mis colegas del sector no me lo tengan en cuenta.

Podéis ver mi perfil profesional en linkedin

**in** es.linkedin.com/in/alexpascualc/

# 2.

# ¿CUÁNTA BASURA GENERAMOS?

Cuando hablamos de residuos, por lo general nos referimos a los residuos que generamos de una manera directa y que se suelen llamar "domésticos" o "municipales" (antes llamados Residuos Sólidos Urbanos o RSU). Pero hay que tener en cuenta que las personas generamos otros residuos de manera indirecta, ya sea residuos industriales -por los bienes de consumo- al fabricarse, o bien los residuos de la construcción por los bienes inmuebles. Por tanto, indicar que los residuos municipales solo suponen en torno a un tercio de los residuos generados, más de otro tercio corresponde a los residuos de la industria (incluyendo los fangos de depuradora) y menos de otro tercio a los residuos de la construcción[1]:

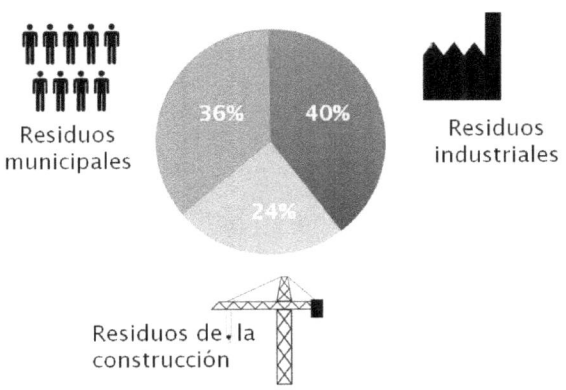

1. Datos para Cataluña 2012. Programa General de Prevención y Gestión de residuos de Cataluña 2013-2020

## Los residuos municipales solo suponen 1/3 del total de basura que generamos

En Cataluña[2] en el año 2012 se generaron más de 10 millones de toneladas de residuos teniendo en cuenta los residuos municipales, industriales y de la construcción. En España[3] en el año 2012 se generaron casi 120 millones y el mismo año en Europa[4] (UE 27) más de 2.500 millones de toneladas. Una gran cantidad de residuos teniendo en cuenta que 1 tonelada son 1.000 kg.

2. Ibidem (igual que cita anterior)
3. EUROSTAT. Estadísticas oficiales Unión Europea
4. *Ibidem*

## 2.1. ¿Cómo es nuestra basura?

Los residuos que acaban en los contenedores de la calle provienen principalmente de los hogares y de los comercios (que representan en torno a un 1/3 de la basura de los contenedores). Si se revisa el tipo de residuos que hay en el contenedor de rechazo[5] o de color gris y se le añaden los residuos recogidos en los contenedores de reciclaje se obtiene la siguiente bolsa de basura[6] tipo:

30% otros
8% vidrio
12% plásticos y metales
12% papel y cartón
38% orgánica

El 38% de los residuos que generamos son materia orgánica

5. Técnicamente llamada fracción RESTO. Fracción de residuos que se obtienen una vez retiradas las otras fracciones selectivas. Los residuos que se encuentran en ella son: pañales, compresas, residuos de limpieza, cerámica rota, colillas y cenizas de cigarros, entre otros.
6. Elaboración propia a partir de diferentes estudios: "Pesa la brossa" 2014. Estudio para la Universidad Politécnica de Cataluña y Programa General de Prevención y Gestión de residuos de Cataluña 2013-2020. Según la Agència de Residus de Catalunya 2014 los datos son: Orgànica 37%, papel y cartón 12%, vidrio 8%, plásticos y metales 12%. La gestió dels residus i el seu impacte en el canvi climàtic. Estadístiques 2014

La mayor parte de la basura que generamos es materia orgánica y proviene de restos de comida y restos vegetales. Representa un 38% del total, si bien varía según la región o el país. Así, en países en vías de desarrollo este porcentaje es mayor, mientras que en países más desarrollados es menor.

Los envases de vidrio, plásticos, metales, briks, papel y cartón representan el 32%. El 30% restante corresponde a materiales varios -como la ropa, muebles, escombros...- que se podrían reciclar por otros canales. Se estima que el 84% de la basura de los hogares es reciclable.

# 3.

# ¿DÓNDE ACABA NUESTRA BASURA Y CUÁNTO RECICLAMOS?

Toda la basura que generamos puede distribuirse en diferentes tipos de contenedores según el modelo de recogida de basuras de cada ciudad. No obstante, una vez recogidos, los residuos pueden acabar, en términos generales, de 3 maneras posibles: reciclados (incluyendo los compostados), en vertederos o en incineradoras. No incluyo los reutilizados ya que es obvio que no acaban en una planta de tratamiento sino en manos de otra persona que los utiliza o da uso.

# Los residuos acaban en plantas de reciclaje, vertederos o incineradoras

Del total de residuos municipales tratados en Cataluña[7] en el año 2012 el 46% fue a parar a vertederos, el 18% a incineradoras y el 36% a plantas de reciclaje (incluye los compostados). En España[8] en el año 2012 el 61% fue a parar a vertederos, el 9% a incineradoras y el 30% a plantas de reciclaje (reciclaje y compostaje). En Europa[9] (UE 27) en el año 2012 el 33% acabaron en vertederos, el 25% en incineradoras y el 42% en plantas de reciclaje (reciclaje y compostaje). En las ciudades del mundo[10] se estima que un 56% de los residuos va a parar a vertederos, un 17% a incineradora y un 27% son reciclados (reciclados y compostados).

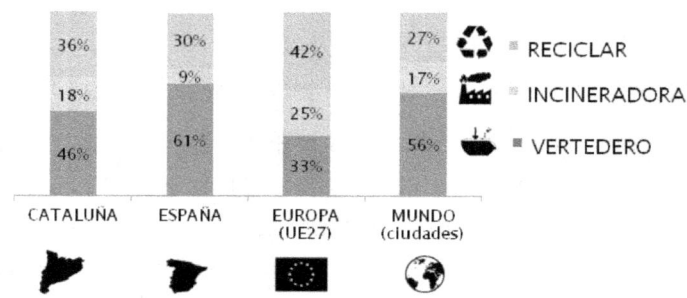

7. A partir de datos extraídos del Programa General de Prevención y Gestión de residuos de Cataluña 2013-20. Los datos no suman el 100% de los residuos debido a un reducción en peso
8. EUROSTAT 2012. Estadísticas oficiales de la Unión Europea
9. *Ibidem*
10. "What a Waste," Informe del World Bank 2012

En el caso de Cataluña, conviene precisar que la recogida selectiva es del 39% y que debido a residuos mal depositados en contenedores (los impropios) el porcentaje se reduce a un 32% (tasa neta de reciclaje). A estos datos se deberían añadir los residuos recuperados en los ecoparques. Por tanto, la cifra final de reciclaje estaría en torno al 36% (dato compuesto de otros datos oficiales).

Respecto a las cuotas de reciclaje, deberíamos tomar conciencia **del bajo nivel de reciclaje de residuos** tanto por parte de personas particulares como de comercios. Si la recogida selectiva de residuos alcanza un 39% en Cataluña, eso quiere decir que hay mucha gente que participa en la recogida selectiva y el reciclaje, aunque todavía los hay que no reciclan nada. Las cifras hablan por sí solas: no llegamos ni al 50% de reciclaje.

## Más de la mitad de nuestra basura acaba en vertederos e incineradoras

En el caso de España[11] solo se recoge de manera selectiva o por separado el 15% de los residuos. En otras palabras, el 85% de la basura se recoge mezclada en un mismo contenedor. Al incorporar el compost de los ecoparques a partir de la fracción rechazo la tasa de reciclaje aumenta hasta el 30%. Sin embargo el compost que se produce es de peor calidad que el que se genera en una planta de compostaje con recogida selectiva de materia orgánica.

---

11. Memoria 2013 del Ministerio de Agricultura, Alimentación y Medio Ambiente

En relación con los datos europeos, se observa a continuación en el cuadro,[12] de países europeos ordenados por tasa de reciclaje para el año 2012. Mi intención no es saturarte con datos y tablas, pero creo que éste merece la pena echarle un vistazo:

| PAÍS | VERTEDERO | INCINERADORA | RECICLADO |
|---|---|---|---|
| GERMANY | 0% | 35% | 65% |
| AUSTRIA | 5% | 36% | 59% |
| BELGIUM | 1% | 42% | 57% |
| NETHERLANDS | 2% | 49% | 49% |
| SWEDEN | 1% | 51% | 48% |
| LUXEMBOURG | 17% | 35% | 48% |
| SLOVENIA | 51% | 2% | 47% |
| DENMARK | 2% | 54% | 44% |
| UNITED KINGDOM | 38% | 19% | 43% |
| EU (27 countries) | 33% | 25% | 42% |
| IRELAND | 42% | 18% | 40% |
| ESTONIA | 44% | 16% | 40% |
| ITALY | 41% | 19% | 40% |
| FRANCE | 29% | 34% | 37% |
| FINLAND | 33% | 34% | 33% |
| SPAIN | 61% | 9% | 30% |
| BULGARIA | 73% | 0% | 27% |
| PORTUGAL | 55% | 19% | 26% |
| HUNGARY | 66% | 9% | 25% |
| POLAND | 75% | 0% | 25% |
| LITHUANIA | 76% | 0% | 24% |
| CZECH REP. | 57% | 20% | 23% |
| CYPRUS | 78% | 0% | 22% |
| GREECE | 81% | 0% | 19% |
| LATVIA | 84% | 0% | 16% |
| SLOVAKIA | 76% | 10% | 14% |
| MALTA | 87% | 1% | 13% |
| ROMANIA | 97% | 0% | 3% |

---

12. EUROSTAT 2012, Estadísticas oficiales de la Unión Europea

# El 2% de la basura de los países europeos más avanzados acaba en vertedero y el 43% en incineradora

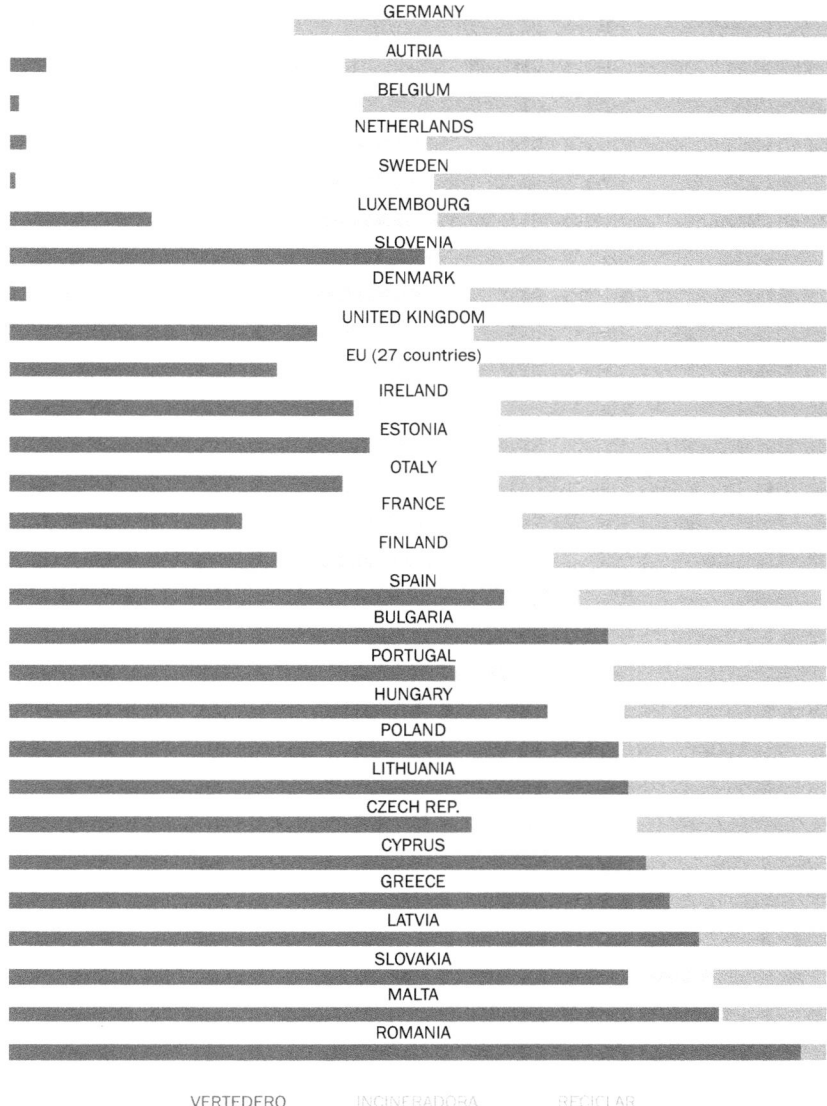

GERMANY
AUTRIA
BELGIUM
NETHERLANDS
SWEDEN
LUXEMBOURG
SLOVENIA
DENMARK
UNITED KINGDOM
EU (27 countries)
IRELAND
ESTONIA
OTALY
FRANCE
FINLAND
SPAIN
BULGARIA
PORTUGAL
HUNGARY
POLAND
LITHUANIA
CZECH REP.
CYPRUS
GREECE
LATVIA
SLOVAKIA
MALTA
ROMANIA

VERTEDERO        INCINERADORA        RECICLAR

Salta a la vista a partir de estos datos que los países europeos con más experiencia en el tratamiento de residuos -como Holanda, Bélgica, Alemania, Austria o Suecia- destinan tan solo un 2% de promedio de los residuos generados a vertedero pero por otro lado tienen unas elevadas tasas de incineración -un 43% de promedio- y reciclan el 56% de su basura.

## ¿Quieres saber más?

▮ Os recomiendo visitar la página web de Waste Atlas donde hay mucha información sobre los residuos municipales de muchos países y ciudades del mundo

http://www.atlas.d-waste.com/

▮ Datos estadísticos EUROSTAT de la Unión Europea

http://ec.europa.eu/eurostat/statistics-explained/index.php/Municipal_waste_statistics

# 4.

# EL PROBLEMA DE LOS RESIDUOS

Este libro se centra en los residuos domésticos o municipales (antes llamados Residuos Sólidos Urbanos o RSU), que son los residuos que generamos de manera directa según nuestro comportamiento, individual o como familia, y sobre los que tenemos más capacidad, libertad y posibilidad de incidir en cuanto a gestión o reciclaje.

De las diferentes definiciones de residuos que existen la más completa podría ser la siguiente: "Cualquier sustancia u objeto que su poseedor deseche o tenga la intención o la obligación de desechar. La causa de querer desechar se asocia normalmente a que su poseedor considera que ya no tiene valor suficiente para retenerlo".

Un residuo es cualquier sustancia u objeto que su poseedor deseche, tenga la intención o la obligación de desechar

La generación de residuos ha aumentado en grandes proporciones a lo largo de los últimos 100 años pero no siempre ha sido así. Las causas de este incremento se pueden atribuir, por un lado, al desarrollo de la sociedad, a la modernización o a la utilización de un sistema de consumo... y por otro lado, reforzado por el crecimiento exponencial de la población.

En el cuadro siguiente se muestra la evolución de la generación de basura en USA[13] con un amplio recorrido en años, de 1960 a 2011:

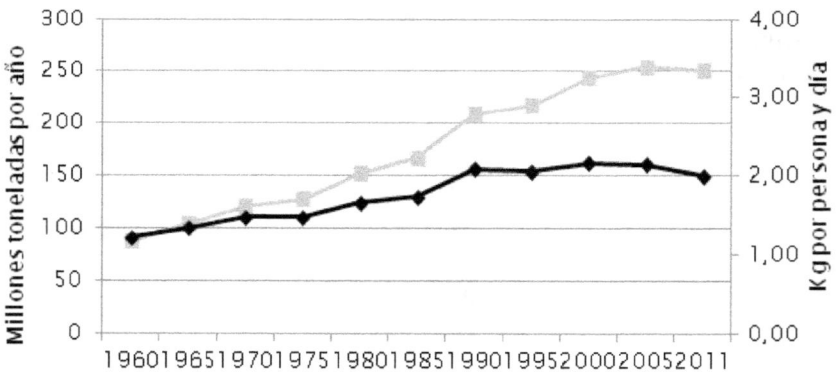

En USA, los residuos municipales generados se han triplicado en los últimos 50 años

13. United States Environmental Protection Agency. Municipal Solid Waste Generation, Recycling, and Disposal in the United States: Facts and Figures for 2012

En la serie se puede comprobar que los residuos municipales casi se han multiplicado por 3. Y en solo 51 años. La misma proporción se le podría aplicar a Europa UE27, si existieran datos anteriores a la UE. Desde 1995 hasta 2003 los residuos municipales de la UE25 aumentaron[14] en un 19% (exactamente el mismo porcentaje que la actividad económica o PIB). En España, la generación[15] de residuos aumentó en un 55% entre 1990 y 2003.

Repasemos la cantidad de residuos municipales que producimos o generamos en diferentes ámbitos:

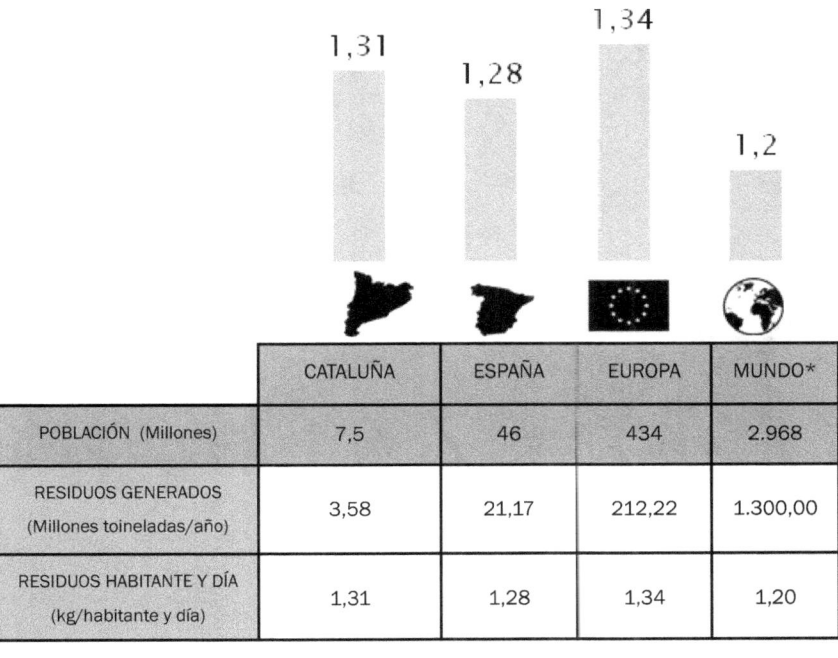

| | CATALUÑA | ESPAÑA | EUROPA | MUNDO* |
|---|---|---|---|---|
| POBLACIÓN (Millones) | 7,5 | 46 | 434 | 2.968 |
| RESIDUOS GENERADOS (Millones toineladas/año) | 3,58 | 21,17 | 212,22 | 1.300,00 |
| RESIDUOS HABITANTE Y DÍA (kg/habitante y día) | 1,31 | 1,28 | 1,34 | 1,20 |

*MUNDO: Solo ciudades

14. Libro Verde *de la sostenibilidad urbana y local en la era de la información,* Ministerio de agricultura, alimentación y medio ambiente, 2012.
15. *Ibidem*

En cuanto a **cantidad total** de residuos, en Cataluña[16] en el año 2012 se generaron casi 3,6 millones de toneladas de residuos municipales. El mismo año en España[17] se generaron más de 21 millones. En Europa[18] (UE 27) más de 212 millones de toneladas y en las ciudades del mundo[19] se estima una cantidad de 1.300 millones de toneladas en 2012.

En cuanto a **cantidad por habitante**, en Cataluña en el año 2012 se generaron más de 1,31 kilos de residuos municipales por habitante y día. En España se generaron casi 1,28 kilos por habitante y día. En Europa (UE 27) en torno a 1,34 kilos, y en las ciudades del mundo se estima una generación de 1,20 kilos por habitantes y día.

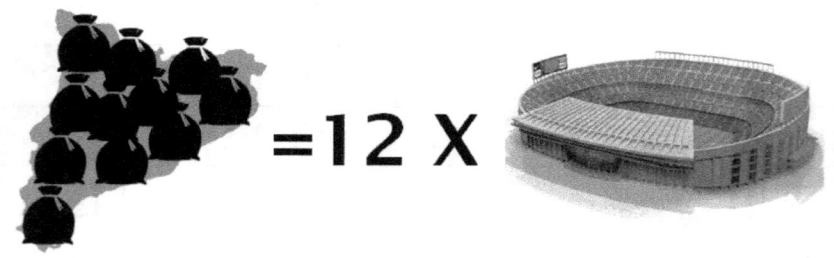

Con las casi 3,6 toneladas anuales de residuos municipales generados en Cataluña se podría llenar 12 veces el Camp Nou, estadio del F.C. Barcelona (70 estadios con los residuos generados en España).

---

16. Agència de residus de Catalunya, Estadísticas de 2012
17. Memoria 2013 del Ministerio de Agricultura, Alimentación y Medio Ambiente y de EUROSTAT
18. EUROSTAT 2012. Estadísticas oficiales de la Unión Europea
19. "What a Waste," Informe del World Bank (2012)

Las causas[20] del aumento de residuos son variadas pero destacan:

- La ineficiencia de los sistemas productivos (por cada tonelada de residuos usados o consumidos se pueden llegar a generar 20 toneladas de residuos de materias primas en la fase de extracción y 5 toneladas de residuos en su fabricación)

- La reducción de la vida útil de los productos o aumento de la obsolescencia programada por razones de calidad, de moda o de tecnología o aparición de nuevas funcionalidades

- La compra compulsiva de productos

- La no incorporación de los costes ambientales y sociales en los costes de los bienes o productos

- La orientación de las estrategias de marketing hacia el aumento de la cantidad y diversidad de envases y embalajes de los productos

A todas estas causas del incremento de basura por persona hay que añadir que cada vez somos más habitantes en el mundo, y por tanto, también aumenta la cantidad total de los residuos que producimos.

---

20. Libro Verde *de la sostenibilidad urbana y local en la era de la información.* Ministerio de Agricultura, Alimentación y Medio Ambiente, 2012.

## Causas del aumento de basura: marketing, mayor población, obsolescencia de productos...

Está demostrado[21] que existe un vínculo entre el progreso económico y la generación de residuos *(véase capítulo 10)*.

Sea cual sea la causa, el hecho es que el incremento de residuos no solo ha sido extraordinario, sino que continúa aumentado en muchos de los países  -desarrollados o de la OCDE[22]- los cuales  generan el 44% de los residuos mundiales ¿Qué pasará entonces cuando países en vías de desarrollo como China (que ya es el segundo país generador de residuos, después de USA) -o India- accedan a estas cuotas de generación de residuos por habitante y día? Se estima[23] que en el 2025 la generación de residuos mundial en ciudades ascenderá hasta niveles de 4.300 millones de toneladas anuales, lo que  supondría que, en tan solo 13 años, las cifras actuales de residuos se multiplicarían por 3.

## Los residuos son un problema ambiental, social y económico

Los problemas -ambientales, sociales y económicos- que causan los residuos empeorarán en los próximos años sin la menor duda si seguimos sin reciclar (reducir, reutilizar, compostar). Dicho esto, deberíamos hacernos la siguiente pregunta...

---

21. Véase el capítulo de "Economía y residuos" de este libro
22. Países OCDE (en breve): Unión Europea, USA, Canadá, México, Chile,  Corea Sur, Israel, Australia, Nueva Zelanda y Japón. Porcentaje según Informe "What a Waste," World Bank, 2012
23. "What a Waste," Informe del World Bank, 2012

# 5.
# ¿QUÉ HACEMOS CON LOS RESIDUOS?

Cada año, a escala mundial, en las ciudades de todo el mundo se generan en torno a 1.300 millones de toneladas anuales (unas 3,6 millones de toneladas por día y teniendo en cuenta que una tonelada son 1.000 kg). Además, esta cantidad de basura crece con el paso de los años. ¿Qué debemos hacer entonces con toda esta cantidad de residuos? ¿Los enterramos? ¿Los quemamos? ¿O los reciclamos?

## ¿Qué debemos hacer con nuestra basura?

La historia de la humanidad pone de manifiesto que el destino o las principales soluciones a esta pregunta han sido los vertederos y, en los últimos 150 años, también las incineradoras. Así, pues la mayoría de los residuos que generamos acaban en estas plantas de tratamiento. Sin embargo, ¿ en qué consiste cada una? ¿ qué impactos tienen sobre el medio ambiente y sobre las personas? Veamos en qué consiste cada una.

## 5.1. Vertedero

Desde el punto de visto histórico, los vertederos son la principal y más antigua manera de tratar los residuos, y probablemente, constituyen el primer sistema de gestión de residuos. En Banyoles (Girona) hay un yacimiento neolítico (La Draga) de más de 7.300 años de antigüedad con fosas que se utilizaban como vertedero.

La simple acumulación de residuos vertidos, que antiguamente eran los vertederos, ha evolucionado hasta convertirse en un depósito controlado, en el que se intenta minimizar el impacto de la acumulación de basura sobre nuestro entorno. Los vertederos -o depósitos controlados- son instalaciones de disposición de residuos de manera superficial o bajo tierra. Están impermeabilizados, se realiza la captación de gases que emiten (parcial) y la recogida de aguas.

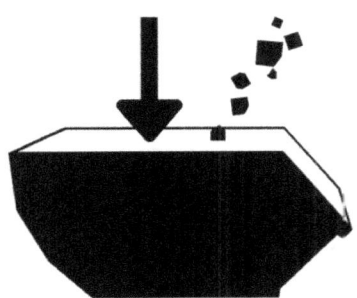

## En los vertederos se disponen los residuos de manera superficial o bajo tierra

Existen 3 diferentes clases según el tipo de residuo que se deposite en ellos: los depósitos controlados de residuos no peligrosos, los de residuos peligrosos y los de residuos inertes[24] (escombros o material de la construcción). Aquí centro la explicación en los vertederos de residuos no peligrosos, puesto que, como he comentado, es donde acaba la mayoría de los residuos municipales de los hogares y los comercios.

Del total de residuos generados en el año 2012 en Cataluña[25] el 46% acabaron en vertederos; en España,[26] el 61; en Europa[27] (UE 27) tan solo un 33% y en las principales ciudades del mundo[28] el 56%.

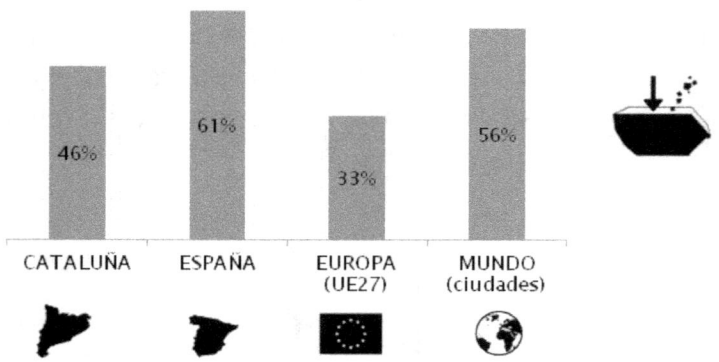

24. Residuos que no experimentan ninguna transformación física química o biológica
25. Datos extraídos del Programa General de Prevención y Gestión de residuos de Cataluña 2013-2020. Los datos no suman el 100% de los residuos debido a un reducción en peso
26. EUROSTAT 2012. Estadísticas oficiales de la Unión Europea
27. *Ibidem*
28. "What a Waste," World Bank, 2012

Para tratar tales cantidades de residuos, se dispone de una extensa red de vertederos: 31 situados en Cataluña[29] y un total de 134 en España.[30]

Sin embargo, gestionar los residuos de manera directa a vertedero es la **opción menos recomendable debido a los impactos que puede generar.**[31] Los principales problemas de los vertederos de residuos municipales se centran en:

● La descomposición y fermentación de la materia orgánica presente en los residuos genera biogás, en su mayoría es una mezcla de gas metano ($CH_4$) y dióxido de carbono ($CO_2$) responsables del calentamiento global

● El metano se puede acumular en el vertedero y puede provocar una explosión

● La contaminación de suelos y agua de la región debido a que el agua del vertedero arrastra diversos materiales contaminantes (materiales pesados como el plomo, mercurio, entre otros, que puedan haber en los residuos)

● Ocupación de espacio e impacto paisajístico

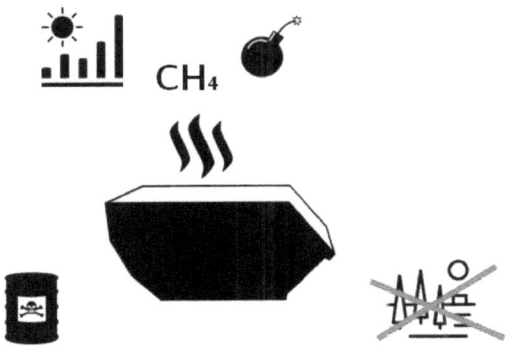

29. PINFRECAT: Plan territorial de infraestructuras de gestión de residuos municipales de Cataluña 2013-2020
30. Memoria 2013 del Ministerio de Agricultura, Alimentación y Medio Ambiente
31. "Being wise with waste: the EU's approach to waste management," Comisión Europea, 2010

El vertedero es la opción menos
recomendable debido a los impactos que
puede generar

Con el objetivo de reducir el impacto ambiental en el medio ambiente, los depósitos controlados modernos se impermeabilizan para evitar la migración o traspaso de productos contaminantes al entorno. Asimismo, en los vertederos se canalizan los líquidos de los residuos que arrastran los materiales tóxicos o contaminantes (los lixiviados). Por otro lado, también se recoge el biogás generado, que se aprovecha como, por ejemplo, para generar energía eléctrica.

A pesar de las medidas preventivas aplicadas, los vertederos emiten tal cantidad de gas metano -$CH_4$- que constituyen la principal fuente de emisiones de efecto invernadero en el tratamiento de los residuos. Siempre he oído que en los vertederos se hacía la captación del gas, pero lo que no sabía es que dicha captación,[32] se estima, que es tan solo el 20%[33] (19%[34]) del metano que emiten.

El vertedero es la principal causa de
emisiones de efecto de invernadero
(metano $CH_4$) en la gestión de residuos

En este sentido, y para evitar las emisiones de efecto invernadero, la Unión Europea estableció una Directiva[35] para el 2016 que obliga a todos los países miembros a

---

32. Programa General de Prevención y Gestión de residuos de Cataluña 2013-2020
33. Ratio extraído de: "Evolució de les emisions a Catalunya" Oficina Catalana de Canvi Climatic,2014
34. "A changing Climate for Energy from waste, for friends of earth," Informe de Dominic Hogg para la reconocida consultora Eumonia
35. Directiva 1999/31/CE, artículo 5

reducir los residuos biodegradables (materia orgánica en su mayoría) presentes en los vertederos hasta el 35% de los residuos orgánicos generados en 1995. Además, otra Directiva[36] Europea prohíbe la entrada directa de residuos en vertederos si no han recibido un tratamiento previo,[37] en ecoparques (más información en capítulo siguiente).

Estas dos normativas son buenos ejemplos, entre tantos otros, de las bondades de pertenecer a la Unión Europea, bondades que a veces no valoramos lo suficiente.

No querría acabar este capítulo sin comentar que gracias a los avances tecnológicos y en legislación, en España, en Europa y en Occidente en general, los vertederos son depósitos controlados de residuos, ya que están impermeabilizados, cuentan con un sistema de captación de biogás, entre otras medidas. Sin embargo, se estima[38] que en España todavía el 4% de los residuos no tiene ningún tipo de tratamiento y se vierte de manera incontrolada e ilegal por campos y montañas. Un triste ejemplo es el vertedero de Abanilla o el de Campoamor (está clausurado, aunque continúa contaminado. Documental *Basureros para rato*). Y no olvidemos que la Comisión Europea denunció[39] al Estado español por tener 61 vertederos de manera ilegal.

A escala mundial[40] se estima que el 10% de los residuos de las ciudades acaba en vertederos incontrolados. Podéis comprobar el impacto ambiental de estos vertidos incontrolados en el impresionante documental TRASHED, donde un vertedero de Siria contamina directamente el Mar Mediterráneo.

---

36. Directiva 98/2008/CE) transpuesta en la Ley de residuos y suelos contaminantes en el estado Español
37. Con algunas excepciones
38. Libro Verde *de la sostenibilidad urbana y local en la era de la información*, Ministerio de Agricultura, Alimentación y Medio Ambiente, 2012
39. "Bruselas denuncia a España por no eliminar 61 vertederos ilegales," *El País*, 16 Julio 2015
40. "What a Waste," World Bank, 2012

## ¿Quieres saber más?

►Documental galardonado *TRASHED*, protagonizado por Jeremy Irons. Muy instructivo, de fácil comprensión, con buenas imágenes, buenos contenidos y buenos detalles técnicos (ENG)

http://www.trashedfilm.com/

►*Basureros para rato*, RTVE. Programa *El Escarabajo Verde*, documental sobre vertederos ilegales (CAST)

http://www.rtve.es/television/20150422/basureros-para-rato/1134406.shtml

▮Denuncia de Europa a España por tener 61 vertederos ilegales (CAST)

http://politica.elpais.com/politica/2015/07/16/actualidad/1437047130_227650.html

▮Clausura de vertedero en Menorca por fuga de lixiviados (CAT)

https://test.directa.cat/node/28708

## 5.2. Ecoparque: un paso previo al vertedero o incineradora

Los ecoparques son unas modernas plantas de tratamiento de residuos que permiten recuperar algunos materiales reciclables y reducir los residuos que se destinan a vertederos o incineradoras.

El Ecoparque 1 de Barcelona, inaugurado el año 2003 junto con el de Pinto[41] (Madrid), fue uno de los primeros centros de tratamiento integral de residuos inaugurados en España.

En un ecoparque, los residuos mezclados o fracción rechazo del contenedor gris se someten al llamado Tratamiento Mecánico y Biológico (TMB). "Mecánico," porque los residuos se separan y se clasifican mediante procedimientos en su mayoría mecánicos que permiten recuperar los materiales reciclables, como metales, plásticos, vidrios... "Biológico," porque residuos restantes de la etapa mecánica, con alta presencia de materia orgánica, se tratan mediante procesos biológicos.

---

41. Xavier Elias Castells. *Métodos de valoración y tratamiento de los residuos municipales,* Díaz Santos, 2012

Hemos visto el impacto que provoca en el medio ambiente la presencia de materia orgánica -o residuos biodegradables- en los vertederos, y el problema de los lixiviados, en la actualidad. Hoy por hoy, este impacto es inevitable. Con las tasas de reciclaje actuales, durante un tiempo seguirán habiendo residuos mezclados que tratar. Llevar los residuos mezclados de la fracción rechazo previamente a **un ecoparque es la mejor opción para evitar el efecto invernadero producido por los residuos en vertederos,**[42] ya que permite recuperar al máximo los residuos reciclables de esta fracción mezclada (materiales biodegradables, metales, plásticos, papel, vidrio, etc.) y enviar tan solo al vertedero el material que no se pueda recuperar (material estabilizado).

El tratamiento de residuos en un ecoparque reduce las emisiones de efecto invernadero del vertedero

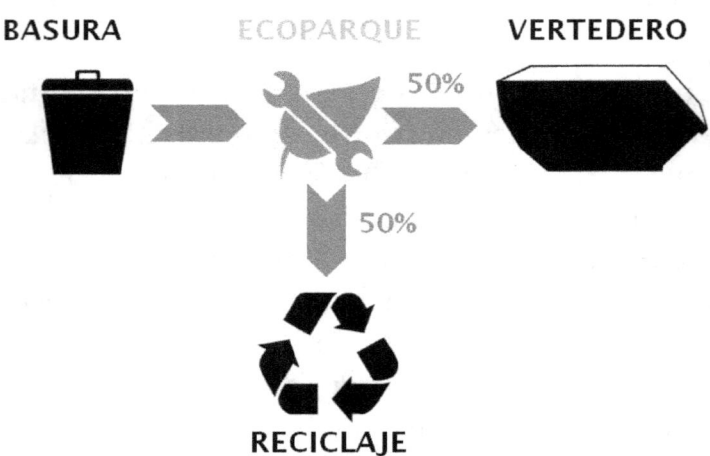

---

42. Informe Dominic Hogg, op, cit

En el año 2012, en Cataluña ya el 50% de los residuos de la fracción rechazo o del contenedor gris se sometieron a tratamiento previo (TMB o mecánico biológico en un ecoparque), un 11% se llevó a incineradora y un 39% a depósito controlado[43] de manera directa. Desde la Generalitat de Catalunya se está trabajando con el objetivo de que en el 2020 la totalidad de la fracción rechazo reciba un tratamiento previo antes de ser destinada a vertedero o depósito controlado.[44]

## El ecoparque permite reducir a la mitad los residuos que van a vertedero o incineradora

Los ecoparques o plantas TMB permiten reducir la fracción rechazo que se destinaría de manera directa a vertedero. En Cataluña, en la actualidad es de un 52%. ¡Más de la mitad! Esto se consigue recuperando materiales (metálicos, plásticos, bricks, etc), obteniendo un material estabilizado, con una reducción de los residuos entre otros.

Los ecoparques son plantas de residuos poco conocidas que, no obstante, constituyen un eslabón importantísimo en toda la cadena de gestión de los residuos contribuyendo de un modo importante, a la conservación del medio ambiente. Si en vuestro municipio existe la posibilidad de visitar una planta de este tipo, no dudéis e id a verla. Merece la pena.

---

43. Programa General de Prevención y Gestión de residuos de Cataluña 2013-2020. Dato de vertedero corregido con las estadísticas de la Agència de Residus de Catalunya 2012
44. *Ibidem*

## ¿Quieres saber más?

**i** Programa de visita a los ecoparques en Barcelona (CAST y CAT)

http://www.amb.cat/es/web/medi-ambient/agenda

► Ecoparque 4 de Hostalets de Pierola (CAST)

https://www.youtube.com/watch?v=W8gOx01RNlo

**i** ¿Qué es un ecoparque? (CAST)

http://residus.gencat.cat/es/ambits_dactuacio/valoritzacio_reciclatge/instal_lacions_de_gestio/ecoparc/index.html

## 5.3. Incineradora

Seguramente la quema de residuos ha sido habitual a lo largo de la historia. Sin embargo, no es hasta el 1874, en Leeds (Inglaterra), que se construye la primera incineradora de residuos urbanos, debido a una epidemia de cólera. El inventor fue Alfred Fryer que diseñó la incineradora para purificar la materia orgánica y, como dato curioso, llamó al invento: Destructor.

La incineración de residuos es una alternativa de sobra conocida y extendida para tratar los residuos que generamos mediante la destrucción o aprovechamiento energético, la valorización energética.

La incineradora es una instalación donde se produce la combustión controlada a elevadas temperaturas (más de 850 °C) de la fracción rechazo o de los rechazos de

45

otras plantas de tratamiento, como el rechazo de la planta de envases o los rechazos de los ecoparques (material que no se puede reciclar). Toda la materia que entra en la planta incineradora se transforma en cenizas, escorias y gases. La energía que se produce en la combustión o quema de residuos se puede transformar en electricidad (calentando agua y con una turbina) o también para climatización (de frío o calor).

> En una incineradora se queman los residuos de manera controlada para obtener energía

En las plantas incineradoras no se queman todos los residuos, ya que algunos de los materiales no alcanzan su punto de fusión o bien se crean algunos productos residuales, entre los que destacan:

- La escoria. Es el material que queda sin quemar en el horno tras la combustión, como por ejemplo, cerámicas, tierra, vidrios, objetos metálicos, entre otros. Representan un 20-25% en peso de los residuos a incinerar. La chatarra de las escorias se suelen reutilizar en otros sectores y las escorias no metálicas se suelen valorizar cuando es posible como material de relleno. Está calificada como residuo no peligroso.

- Las cenizas (materiales volátiles). Representan en torno a un 2-6% en peso de los residuos a incinerar. Estos residuos son más peligrosos y contaminantes (residuos especiales) que los anteriores y se recogen por separado para llevarlos a un depósito de residuos controlado. Están catalogadas como residuos peligrosos.

Las plantas incineradoras pertenecen al grupo de instalaciones de valorización energética, aunque existen otros procesos mediante los cuales se obtiene un valor energético, como pueden ser:

- Incineradoras

- Digestión anaeróbica en plantas del tratamiento mecánico biológico o TMB (ecoparques)

- Combustibles derivados de residuos: material preparado y seleccionado que sustituye a un combustible fósil

- Vertederos o depósitos controlados: la fermentación de la materia orgánica se obtiene el biogás

Cabe destacar las valorizaciones energéticas de última generación, como son: la transformación de los residuos en combustible o CDR (Combustible Derivado de Residuos), que se puede aprovechar por ejemplo en cementeras; y la producción de etanol o diésel a partir de residuos.

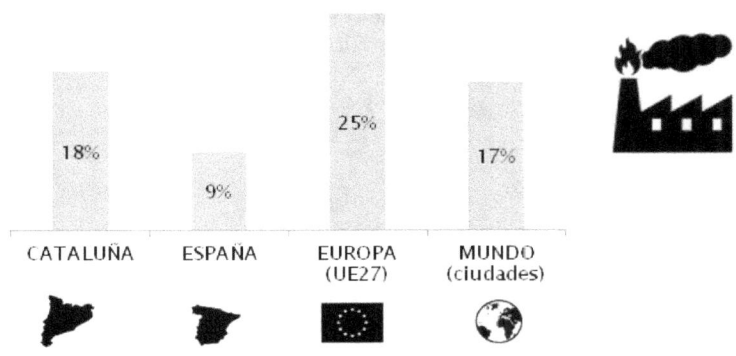

Del total de residuos generados en el año 2012 en Cataluña, el 16% acaban en incineradoras; en España el 10%; en Europa es un 25% (más del doble); y en las principales ciudades del mundo el 17%. Para tratar todos estos residuos se dispone de varias plantas de incineración: 4 en Catalunya[45]; un total de 10 en España[46]; y más de 400 en toda Europa.[47]

Los principales **argumentos a favor** de las incineradoras se centran en la seguridad de las plantas, en la recuperación de la energía en un entorno de crisis energética global, en la reducción de las emisiones que provocan el cambio climático, en la escasa ocupación del espacio público y en la mejora de la tecnología aplicada para reducir la contaminación:

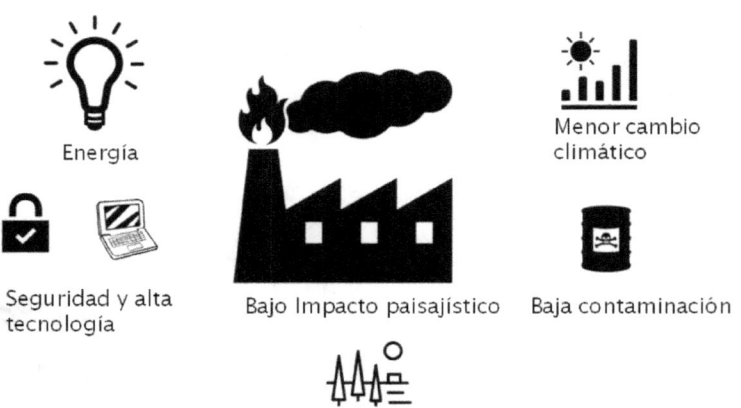

Energía

Menor cambio climático

Seguridad y alta tecnología

Bajo Impacto paisajístico

Baja contaminación

Las incineradoras son plantas modernas que permiten recuperar energía y con poco impacto paisajístico

45. PINFRECAT: Plan territorial de infraestructuras de gestión de residuos municipales de la Generalitat de Catalunya, 2013-2020
46. Memoria 2013 del Ministerio de Agricultura, Alimentación y Medio Ambiente
47. "La valorización energética, ¿un eslabón necesario?" en www.laboratorioderesiduos.es

En un entorno de crisis energética global, que depende de un recurso limitado como es el petróleo, hay que preguntarse si enterrar residuos con un valor energético en vertederos es aceptable o no. Está claro que **la energía necesaria para producir productos**[48] **nuevos** (que luego son residuos) **es mayor que la que se puede extraer del material de los productos mediante la incineración.** Por ello, **el reciclaje es la mejor manera de recuperar la energía de estos materiales,** siempre que sea viable.

Ahora bien, si los residuos están mezclados (como en la fracción rechazo), una vez han pasado por el ecoparque, ya no se pueden recuperar, debido a que los costes energéticos (y económicos) de recuperación aumentan y el balance ya no es favorable, de modo que la única opción es enviar este rechazo a una incineradora o vertedero. Sumando la energía procedente de los residuos no reciclables municipales, industriales, forestales y de la ganadería, en España se podría ahorrar como mínimo un 8% de la energía[49] consumida en todo un año.

## Reciclar es la mejor manera de recuperar la energía de los residuos

En cuanto a la emisión de dioxinas, ha dejado de ser un problema[50] gracias a los sistemas de depuración de gases de las incineradoras actuales. Según el Ministerio alemán de Medio Ambiente, entre los años 1990 y 2000, las emisiones de las plantas de incineración de residuos en Alemania se redujeron en un factor de casi 1.000 veces y en la actualidad

---

48. 'La incineración y el futuro de las políticas de gestión de residuos," Colegio Oficial de Ingenieros Industriales de Cataluña, marzo de 2009
49. Alvaro Feliu, Luis Otero, *Recuperación ecoeficiente de residuos. Su potencial en España*, Fundación Gas Natural, 2007
50. "La incineración y el futuro de las políticas de gestión de residuos." *op. cit.*

suponen menos del 1% de las emisiones derivadas de la actividad humana. En esta misma dirección, y según varios estudios[51] de AEVERSU (Asociación Española de Valorización Energética de RSU) realizados en el entorno de varias plantas incineradoras como la de Reus, Mataró, Tarragona o Zabalgarbi en Bilbao, este tipo de instalaciones de tratamiento de residuos no causan impactos ni en su entorno ni en la salud de las personas. En el mismo sentido se pronuncia el departamento del gobierno vasco,[52] que afirma que no existe evidencia científica de que la incineración moderna y con niveles de emisión acotados suponga un riego adicional significativo para la salud de la población.

Cabe anotar que las incineradoras son de titularidad municipal, y están reguladas, controladas y legisladas, de tal manera que no impliquen ningún riego para el medio ambiente ni para las personas.[53] Es más, las plantas de incineración actuales no son solo **plantas incineradoras, son plantas de energía de alta tecnología.**[54]

Las incineradoras ocupan menos espacio que los vertederos y reducen el volumen de los residuos que van a los vertederos (alrededor de un 85%).

51. Salud y medio ambiente. www.aeversu.org
52. Un estudio de Osakidtza concluye que la incineración no supone un "riego significativo" para la salud. Noticas Guipuzkoa, 7 marzo 2016
53. Agencia Catalana de Residus de la Generalitat de Catalunya www.residus.gencat.cat
54. "La incineración y el futuro de las políticas de gestión de residuos," Colegio Oficial de Ingenieros Industriales de Cataluña, marzo de 2009

Los principales **argumentos en contra** de las incineradoras se centran básicamente en los inconvenientes que genera su impacto ambiental y sobre las personas. Dichos inconvenientes son provocados por los tipos de residuos que se generan en una incineradora: escorias, cenizas y emisiones (dioxinas).

Dioxinas y furanos

cambio climático comparado

Cenizas peligrosas

Uno de los aspectos negativos de las plantas incineradoras que más me ha llamado la atención y sobre el que más se ha escrito es el de las **dioxinas**. Las dioxinas (y los furanos) son compuestos orgánicos tóxicos y pueden generar problemas de reproducción y desarrollo, afectar al sistema inmunitario, interferir en las hormonas y, de ese modo, causar cáncer.[55] El agente naranja usado por los Estados Unidos en Vietnam tenía un alto contenido de dioxinas.

La quema de residuos emite dioxinas y furanos que son cancerígenos

_____
55. "Las dioxinas y sus efectos en la salud humana", OMS (Organización Mundial de la Salud), mayo 2014

En cuanto a la producción de energía, las incineradoras generan electricidad pero emiten un 33% más de gases de efecto invernadero que las centrales térmicas que generan electricidad a partir de gas.[56]

Aunque ya se ha comentado en el punto anterior, hay que remarcar que el potencial de **ahorro de energía[57] de los residuos municipales es superior mediante su reciclaje** que mediante la energía que se extrae de los mismos residuos.

Tampoco debemos olvidar que la incineración de residuos, al igual que los vertederos, tiene asociadas unas tasas o impuestos, por lo que todo lo que sea incinerar es en torno a un 20% más caro[58] para la ciudadanía, en comparación con el reciclaje. Además, estas tasas no incluyen el total de los costes ambientales[59] que provoca la incineración.

Conviene también anotar que la incineración de residuos en cementeras la realizan empresas privadas que, por su naturaleza de empresa, dan prioridad a la cuestión económica y no al impacto que genera su actividad en el entorno y en las personas.

La incineración de residuos no es la solución al tratamiento de la basura

---

56. "A changing Climate for Energy from waste, for friends of earth," Informe de Dominic Hogg para la reconocida consultora Eumonia

57. "La incineración no es la solución," Greenpeace España, www.greenpeace.org/espana/es/

58. "La incineración de residuos en cifras. Análisis socio-económico de la incineración de residuos municipales en España," Greenpeace, julio 2010

59.*Ibidem* (igual que la cita anterior)

Como conclusión personal, entiendo que las plantas incineradoras son necesarias, cuando no se recicle o se pueda separar la basura. Es cierto que han evolucionado mucho y que son plantas mucho más seguras que las de tiempos anteriores, pero existen aún ciertos riesgos potenciales graves e incertidumbres que indican que no es aconsejable implantarlas de manera general. **El modelo de la incineración no es la solución al tratamiento los residuos.** Las incineradoras se deberían reservar para tratar aquellos residuos que ya no se pueden reciclar más o cuyos costes de separación son excesivamente elevados, y por precaución, situarlas en zonas sin población. Así pues, las incineradoras serían un último recurso, aunque mejor que los vertederos.

Las incineradoras están situadas en el penúltimo lugar de la jerarquía de la gestión de residuos. Primero hay que reducir; si no se puede reducir hay que reutilizar; y si tampoco se puede reutilizar, hay que reciclar; y si ya no se puede hacer nada más, entonces sí, enviar a incinerar los residuos. La última opción es el vertedero, pero antes está la incineración. Es importante insistir que es la incineración es la penúltima de las opciones y no el modelo general de incineración masiva de residuos. No. Primero hay que internar recuperar al máximo los materiales de los residuos, y si no se puede, recuperar su energía. **Desde el punto de vista energético, es mejor reciclar que incinerar.**

## ¿Quieres saber más?

► Planta incineradora de Sant Adrià (MUSICAL)

https://www.youtube.com/
watch?v=yRVMNX8sXss&list=PLWQMeO43vsuf_k7ScZM_
CpaJzf-tw7GEY&index=6

► Entrevista al Dr. Eduard Rodríguez Farré en el Hospital Comarcal de Vilafranca del Penedès (CAT)

https://www.youtube.com/watch?v=StvcusDajGw

►Incineración y salud. Osasuna eta errausketa. Abril 2016. Legazpi (CAST)

https://irabaziganarlegazpi.wordpress.com/2016/04/28/
incineracion-y-salud-osasuna-eta-errausketa-abril-2016-
legazpi/

►Documental galardonado *TRASHED*, protagonizado por Jeremy Irons. Muy instructivo, de fácil comprensión, con buenas imágenes, buenos contenidos y buenos detalles técnicos (ENG)

http://www.trashedfilm.com/

► VI Encuentro estatal contra la incineración de residuos en las cementeras. Villafranca del Penedés 2015 (CAST y CAT)

https://vimeo.com/122267601

►"¿Fuego purificador?" Programa *El Escarabajo Verde, RTVE,* (CAST)

https://www.youtube.com/watch?v=qSL2NI8BHKU

► Sobre el caso "Incineradora de Txingudi (País Vasco)" (CAST)

https://www.youtube.com/watch?v=B4E9G5khk5c

ℹ Efectos sobre la salud y el medio ambiente de las dioxinas y furanos, Ministerio de Agricultura, Alimentación y Medio Ambiente

http://www.prtr-es.es/Dioxinas-y-Furanos-PCDDPCDF,15634,11,2007.html

▶ *La realidad de vivir cerca de una incineradora,* RTVE (CAST)

https://www.youtube.com/watch?v=lseUTKryYRM&feature=youtu.be

ℹ Diversos estudios sobre el no impacto de las incinerados en el medio ambiente y en humanos, de AEVERSU (Asociación Española de Valorización Energética de RSU) (CAST)

http://www.aeversu.org/index.php/es/valorizacion-energetica/salud-y-medio-ambiente

ℹ "La actividad de la incineradora de residuo urbano no supone un riego adicional para la población del entorno." Universitat Rovira i Virgili (CAT)

http://wwwa.urv.cat/noticies/diari_digital/cgi/principal.pl?fitxer=noticies/noticia017204.htm

ℹ Webs de información

http://www.no-burn.org/por-que-no-a-la-incineracion-informacion-para-la-accion/

# 6.

# RECICLAR ES LA SOLUCIÓN

"Reciclar" proviene según su etimología de la palabra griega de *kýklos* que significa "órbita o círculo," y por extensión, "repetición o recurrencia ordenada de fenómenos." El término pasa al latín como *cyclus-cycli*, y se le agrega el prefijo "re-" (que significa repetición) y el sufijo verbal "–ar." Por lo tanto, el significado original del verbo "reciclar" es "hacer circular alguna cosa o volver a ponerla en órbita" (el residuo se vuelve recurso).

El reciclaje de basura o de residuos se practica desde hace años, por no decir siglos o milenios. Hace miles de años, el metal se fundía repetidas veces para forjar nuevos objetos o productos, como armas o herramientas. Incluso se dice que las piezas de bronce rotas del Coloso de Rodas[60] (una de las siete maravillas del Mundo Antiguo) se reciclaron como chatarra.

---

60. "The thruth about recycling," *The Economist*, 7 de junio de 2007

# El reciclaje de residuos es una práctica milenaria

Hasta ahora hemos visto la gran cantidad de residuos que se genera a diferentes escalas, y cómo los tratamientos de residuos tradicionales, ya sea en vertedero o en incineradora, continúan provocando efectos en el medio ambiente (contaminación y cambio climático) y, por otro lado no son la solución global al problema de los residuos.

Teniendo en cuenta que gran parte de los residuos que generamos se puede reciclar, la siguiente alternativa que se plantea es la de RECICLAR los residuos. Cuando me refiero a reciclar, lo hago en un **sentido amplio,** esto es: **reciclar los residuos, reutilizarlos, compostarlos, y también reducir** la cantidad de residuos que generamos (prevención).

El proceso de reciclaje de residuos incluye los subprocesos de separación, recogida y tratamiento de los residuos para obtener materiales a partir de los cuales hacer nuevos productos.

Este libro se podría titular "Por qué es importante reducir los residuos." Sin embargo, si solo podemos reciclar el 40% de los residuos (mediante la recogida separada en contenedores) y no toda la población está colaborando, ¿cómo vamos a pedir a la gente que no solo separare sus residuos en diferentes contenedores sino que además evite generar residuos? Por tanto, empecemos explicando las nociones básicas sobre el reciclaje y explicar porqué es importante hacerlo, aunque reitero que ante todo es preferible **reducir** los residuos que generamos.

La inicial estrategia de las 3R (reducir, reutilizar y reciclar) ha evolucionado hacia una gestión de residuos moderna que establece unos principios guía o una **jerarquía de residuos** (Unión Europea[61]) para saber qué hacer con los residuos:

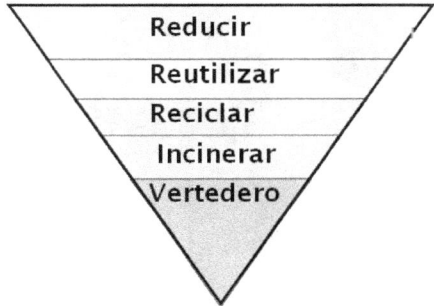

¿Qué hacer con los residuos?
Reducir, reutilizar, reciclar, incinerar
y en último lugar al vertedero

---

61. Directiva 2008/98/CE del Parlamento Europeo y del Consejo, del 19 de noviembre de 2008, sobre los residuos

La primera opción para gestionar los residuos es la de *reducción* (prevención). Se trata de evitar generar residuos, y no solo en cuanto a cantidad sino también a su peligrosidad o toxicidad. Si no se puede prevenir, la segunda estrategia a seguir es la de *reutilizar* (o preparar para la reutilización) los residuos que generamos, como por ejemplo los muebles, la ropa, los electrodomésticos, etc. Si ninguno de los dos primeros pasos es posible, se deben *reciclar* los residuos, en calidad de materiales, para obtener nuevos objetos. Si el reciclaje no es viable, entonces al menos se deben *valorizar* los residuos, por ejemplo llevando a cabo una valorización energética, en la que se incluye la incineradora. El último paso y el menos deseable, siempre y cuando resulten imposibles las anteriores opciones, es enviar los residuos al *vertedero*.

En cualquier caso, el reciclaje de los residuos está por encima de las alternativas de incinerar y de vertedero. La energía necesaria para producir los productos[62] es mayor que la que se puede extraer del material de los residuos con la incineración. Además, en términos de cambio climático, **reciclar es mejor que incinerar.**[63]

---

62. "La incineración y el futuro de las políticas de gestión de residuos," Colegio oficial de Ingenieros Industriales de Cataluña. Marzo 2009
63. Dominic Hogg. op.cit

El modelo de gestión de basura que ocasiona menos emisiones[64] de efecto invernadero es el de la separación de los residuos municipales en origen -en casa-, para poder reciclar (y compostar), combinado con el tratamiento de la fracción rechazo en los ecoparques (tratamiento de la parte orgánica no separada).

## Reciclar los residuos es mejor que llevarlos al vertedero o la incineradora

Hay que tener en cuenta que la actividad y la industria del reciclaje[65] también tiene impacto en el medio ambiente (transporte de residuos, funcionamiento de plantas de reciclaje...), si bien en la mayoría de los casos el impacto evitado es mayor que el generado por la propia actividad de reciclar.

La separación en casa (en origen) de los residuos, por materiales o fracciones, es importante para asegurar la máxima calidad de los materiales reciclados, pues ayuda a aumentar el valor de los materiales reciclados y el número de productos que se pueden hacer.

---

64. "Waste management options and climate change," European Commission, AEA Technology
65. "El medio ambiente en Europa: Estado y perspectivas," Agencia Europea del medio ambiente, 2010

En los próximos capítulos veremos las razones principales de por qué es importante RECICLAR (reutilizar, reciclar y compostar) los diferentes materiales como el plástico, el vidrio, el papel, etc., pero presento primero un breve resumen de situación:

- Reducir los gases de efecto invernadero, que contribuyen al cambio climático calentando nuestro planeta, la Tierra

- Reducir el consumo de energía, en especial en los países con dificultades para abastecerse. La energía necesaria para producir los productos[66] es mayor que la que se puede extraer del material residuos con la incineración

- Reducir el consumo de materiales que extraemos de la tierra y que son finitos, como: son los metales, la madera, los abonos, el agua, los materiales precios, entre otros. Sobre todo, en Europa puesto que su industria depende de la importación de materia prima para la fabricación

- Reducir la contaminación del aire: los gases nocivos para la salud y los contaminantes que empeoran la calidad del aire que respiramos

- Reducir la contaminación de los suelos y de las aguas, en caso de vertidos incontrolados, que acaban filtrándose en el subsuelo

- Reducción de los residuos que acaban en vertedero o incineradora. Reciclar está por encima en la jerarquía de residuos

- Reciclar genera empleo

- Reciclar es más barato que no hacerlo

---

66. "La incineración y el futuro de las políticas de gestión de residuos" *op.cit.*

● Los residuos que antes se desechaban ahora son recursos

Vistos estos beneficios, que en apariencia, son muy golosos, en los siguientes capítulos pasaremos a detallar, a cuantificar y explicar cuál es el impacto en el medio ambiente, en la sociedad y en la salud de las personas.

# 7.

# LA IMPORTANCIA DE RECICLAR

## 7.1. El vidrio: Un caso de éxito

El vidrio es un material inorgánico que se obtiene principalmente a partir de arena de sílice ($SiO_2$, en torno al 70%[67]), carbonato cálcico ($Ca_2CO_3$, en torno al 15%), caliza ($CaCO_3$, en torno al 10%) y otros aditivos, mediante la fusión a unos 1.500 °C.

Según diferentes fuentes, el vidrio se empezó a fabricar alrededor del año 3500 a.C. en Egipto, -otras fuentes indican su origen en el 2500 a.C. en Mesopotamia[68]- como elemento decorativo, y su uso ha ido evolucionado. Así, el vidrio se ha utilizado para fabricar vasijas, ventanas y hoy en día sobre todo envases, en especial para líquidos, ya que es un tipo de envase que no interfiere ni altera el sabor de su contenido. Como mínimo llevamos fabricando vidrio hace 4.500 años.

---

67. "Recycler le verre d'emballage. Pourquoi?," Verre Avenir, Chambre Syndicale des Verreries Mécaniques de France
68. *Ibidem*

El vidrio es un material que se puede reciclar en su totalidad y sin límite, es decir, se puede repetir el proceso tantas veces como se quiera sin que se altere sus propiedades.

El color del vidrio depende del tipo de aditivos que se pongan. Suele ser en 3 diferentes colores: verde, topacio o ámbar y transparente. Antes de iniciar el proceso del reciclado, se puede realizar una separación o triaje por colores. Sin embargo, este triaje es opcional. En plantas como las de Barcelona, por ejemplo, se suelen triturar o fragmentar las botellas mezclando los 3 colores. El material triturado se denomina calcín, que se lleva a las fabricas embotelladoras para fundirlo en un horno y obtener nuevas botellas de vidrio. El 60-70% de las botellas de vidrio que hay en el mercado son de color verde -vino, cava, champany-. Algunas fábricas utilizan hasta el 95% de calcín para la fabricación de nuevas botellas de vidrio.[69]

El vidrio se tritura, se funde y se vuelve a utilizar para fabricar botellas de vidrio. Repetición hasta el infinito

En países como en Alemania o Irlanda el vidrio se separa por colores. E incluso, otros países han optado por subir a un peldaño superior en la pirámide de reciclaje que hemos visto en el capítulo anterior y, en vez de reciclar el vidrio, reutilizan de los envases de este material, mediante un sistema de depósito, devolución y retorno (o SDDR).

---

69. *Ibidem*

En torno al **8%** de la basura doméstica que generamos en las casas es vidrio[70].

En el año 2012 se recicló (recogida por separado en contenedores verdes) en Cataluña[71] un total de 169.222 toneladas de vidrio (equivalentes a 646 millones de botellas). En España[72] 726.729 toneladas (2.774 millones de botellas), y en Europa[73] 15.700.000 toneladas (casi 60.000 millones de botellas).

De este total de vidrio que generamos en el año 2012 en Cataluña[74] se recicló el **70%** (valorización, que incluye el vidrio recuperado en los ecoparques), el **69%** del vidrio generado en España[75] y en Europa el **73%**. Sin duda, son unos datos de reciclaje excelentes, en especial si los comparamos con las otras fracciones como veremos más adelante.

| | CATALUÑA | ESPAÑA | EUROPA |
|---|---|---|---|
| **VIDRIO** reciclado (Tn/año) | 169.222 | 726.729 | 15.700.000 |
| **BOTELLAS** recicladas (millones/año) | 646 | 2.774 | 59.924 |

Se recicla el 70% del vidrio que se produce. Un caso de éxito que empezó en 1982

70. Elaboración propia a partir de diferentes estudios. *op. cit.*
71. Estadísticas de la Generalitat de Catalunya www.estadistiques.arc.cat
72. Memoria 2013 del Ministerio de Agricultura, Alimentación y Medio Ambiente
73. EUROSTAT 2012, Estadísticas oficiales de la Unión Europea
74. Elaboración propia. El dato oficial para Cataluña es del 64% según el Programa General de Prevención y Gestión de residuos de Cataluña 2013-2020
75. EUROSTAT 2012, Estadísticas oficiales de la Unión Europea.

A juzgar por estos datos, podemos afirmar que la historia del reciclaje del vidrio es una historia de éxito que no se ha acabado y que continúa. No en vano, el contenedor selectivo de vidrio fue el primero que se puso en la calle, allá por el año 1982, dentro de la primera campaña de reciclaje en Barcelona.

## BENEFICIOS DE RECICLAR EL VIDRIO

Los principales beneficios del reciclaje del vidrio son:

- **Ahorro de energía:** Utilizando vidrio triturado de botella (calcín) en vez de material virgen, se ahorra entre un 20 y un 30%[76] en energía. El punto clave del ahorro energético estriba en que, en la fabricación a partir de vidrio reciclado o calcín, **el punto de fusión del material es menor** y por tanto también lo es la energía necesaria. (Reciclar 1 botella equivale al consumo energético de 1 bombilla de 110 vatios durante 4 horas; reciclar 3 botellas al consumo de un servicio de lavavajillas; y 4 botellas al de un frigorífico durante un día[77])

- **Ahorro de las emisiones de gases de efecto invernadero** (GEI). Utilizando calcín de vidrio las emisiones de carbono se reducen entre un 20[78] y un 50%.[79] Por cada tonelada de vidrio reciclado se evita la emisión[80] de 200 kg de $CO_2$ (166[81]-315[82])

---

76. "Glass Recycling Facts," Glass Packaging Institute. Por otro lado, Alejandro Mata y Carlos Gálvez, "Conocimiento del proceso de reciclaje de envases de vidrio; propuestas de mejora del proceso actual y análisis costo-beneficio de la implantación del mismo en la planta Vidriera Guadalajara", Universidad Autónoma de Guadalajara

77. Beneficios. www.ecovidrio.es

78. Carbon Footprints.. www.o-i.com

79. Por cada 10% de calcin utilizado se reduce el 5% de $CO_2$. Fuente: "Recycler le verre d'emballage. Porquoi?," Verre Avenir, Chambre Syndicale des Verreries Mécaniques de France

80. Recycler le verre d'emballage. Porquoi? Verre Avenir. Chambre Syndicale des Verreries Mécaniques de France

81. "Glass Recycling Facts," Glass Packaging Institute

82. "Glass recycling information sheet," www.wasteonline.org.uk.

● **Mejora de la calidad del aire y del agua** al reducir su contaminación: la contaminación del aire se disminuye en un 20%.[83] Por cada 10%[84] de vidrio reciclado se reduce en un 8% la emisión de partículas a la atmósfera, en un 10% de óxidos sulfúricos y en un 4 % de óxido de nitrógeno (responsable de la contaminación del aire en ciudades como Barcelona o Madrid)

● **Ahorro de materias primas y conservación del medio ambiente** al reducirse las necesidades de extracción: Por cada 1kg de calcín de botellas de vidrio se ahorra 1,2 kg[85] de materiales vírgenes (arena, piedra caliza y carbonato de sodio)

● **Ahorro de recursos:** Reciclando, se podría abastecer a la industria de la fabricación de vidrio con casi el 34% de los recursos que se necesitan[86]

● **Mejora de la calidad del agua al disminuir la contaminación** entre 40[87] y un 50%[88]

● **Se evita que los residuos vayan al vertedero**: Por cada 3.000 botellas de vidrio recicladas se evita que 1.000 kg[89] de basura acaben en el vertedero

El reciclado de vidrio permite ahorrar energía, recursos, emisiones GEI y mejora la calidad del aire

83. www.panda.org y www.ecovidrio.es
84. "Glass Recycling Facts" *.op.cit*
85. Carbon Footprints.. O-I.com y Ecovidrio *.op.cit.*
86. Programa General de Prevención y Gestión de residuos de Cataluña 2013-2020
87. Alejandro Mata y Carlos Gálvez, *op.cit.*
88. www.panda.org
89. www.ecovidrio.es

## ¿Quieres saber más?

► El reciclado del vidrio. Agència de Residus de Catalunya (MUSICAL)

https://www.youtube.com/watch?v=tFCCdhvaldE&list=PLWQMeO43vsuf_k7ScZM_CpaJzf-tw7GEY

ℹ Datos de reciclaje de vidrio por Comunidades Autónomas (CAST)

http://www.ecovidrio.es/reciclado/datos-de-reciclado/estadisticas

ℹ Información sobre el sistema SDDR (Sistema de devolución, depósito y retorno) (CAST)

http://www.retorna.org

## 7.2. El papel-cartón sale de los árboles

El papel es un material orgánico que se obtiene principalmente a partir de las fibras de celulosa de madera virgen de los árboles para conseguir una pulpa. Dicha pulpa de celulosa se puede obtener a partir de madera virgen o también a partir de papel reciclado.

Las principales maderas utilizadas para la fabricación de pulpa de celulosa son las llamadas "maderas pulpables," que acostumbrar a ser maderas blancas como la picea, el pino, el abeto o el alerce, aunque también se utilizan maderas duras como el eucaliptus o el abedul, procedentes de árboles de crecimiento rápido, como son el eucalipto y el pino en España.[90]

Un vez obtenida la pulpa de celulosa o pasta de papel, ésta se somete a diversos procesos mecánicos, separación de fibras  -están unidas por una especie de pegamento llamado "lignina"-, mezclado con agua y secado posterior, para obtener la bobina de papel. Al papel se le suele aplicar un proceso de blanqueamiento.

La producción[91] de papel representa aproximadamente un 35% de la tala de árboles en todo el mundo.

90.www.aspapel.es
91. Mjnsbzgkxartin, Sam (2004). Paper Chase. Ecology Communications, Inc.. Retrieved 2007-09-21

El cartón está formado por diversas capas de papel superpuestas y encoladas a partir de material virgen o papel reciclado. El cartón es más grueso, duro y resistente que el papel. En la fabricación de la mayoría de cajas de cartón, se utiliza una estructura de cartón corrugado con capas lisas y capas corrugadas u onduladas en el interior, para mejorar sus características y aumentar su resistencia durante el transporte y el almacenamiento. La madera de los pinos es la materia prima más utilizada para la fabricación de cartón.

## El 35% de los árboles talados se destina a la fabricación de papel

A lo largo de la historia se han utilizado diferentes soportes para la escritura hasta llegar al papel de celulosa. En el antiguo Egipto, en el 2000 a.C., se usaba el papiro. En China,[92] en el año 105, se producía el primer papel a partir de residuos de seda, arroz o cáñamo. En Europa, en la Edad Media se confeccionaban pergaminos con pieles de cabra o carnero curtidas, y más adelante, en el siglo XIV, se hacía papel con algodón. La fabricación de papel a partir de celulosa no se inició hasta el siglo XVIII, con la implantación del proceso de Kratf.

El soporte de la escritura ha evolucionada hasta tal punto que hoy en día disponemos de soportes informáticos que permiten la escritura y lectura en reproductores como e-readers, ordenadores, tablets o smartphones.

---

92. "El papel, el protagonista de nuestra historia," Aspapel

Aproximadamente el **12%** de la basura doméstica y comercial es papel y cartón.[93]

En el año 2012, en Cataluña[94] se recicló (recogida por separado en contenedores) un total de 318.210 toneladas de papel-cartón, en España[95] 1.085.574 toneladas.

Se calcula que en el año 2012[96] el reciclaje (valorización, que incluye el papel recuperado en los ecoparques) fue del 46% del papel-cartón (de los hogares y comercios) generado en Cataluña. No se dispone de cifras verificadas de España ni de Europa, ya que los datos incluyendo el papel reciclado por las industrias.

Se recicla el 46% del papel que se produce. Hasta 6 veces se puede repetir

A diferencia del reciclado infinito del vidrio, el papel se puede llegar a reciclar como media unas 6 veces.[97] Esto se debe a que las fibras de pulpa que lo componen se van cortando y deshilachando y llega un punto en que son tan pequeñas que pierden su consistencia y no se pueden reciclar. Por esta razón, cada vez que se fabrica papel se tiene que añadir fibra virgen para asegurar una buena calidad. Sin embargo, la única diferencia entre la fibra reciclada y la virgen es que cada una está en una fase diferente de *su vida*.

---

93.Elaboración propia a partir de diferentes estudios: "Pesa la brossa" 2014. Estudio Universidad Politécnica de Cataluña y Programa General de Prevención y Gestión de residuos de Catalunya 2013-2020. Según Agencia de Residus de Catalunya 2014 los datos son: Orgánica 37%, papel y cartón 12%, vidrio 8%, plásticos y metales 12%. La gestió dels residus i el seu impacte en el canvi climàtic. Estadístiques 2014
94. Estadísticas de la Generalitat de Catalunya estadistiques.arc.cat
95. Memoria 2013 del Ministerio de Agricultura, Alimentación y Medio Ambiente
96. Programa General de Prevención y Gestión de residuos de Cataluña 2013-2020
97. Según Aspapel, en entrevista de *BLOG El País* "¿Cuántas veces se puede reciclar?"

En cuanto al consumo del papel, es recomendable utilizarlo por las dos caras y que sea papel reciclado (no clorado). Si no es posible, hay que asegurarse de que al menos tenga alguna certificación de tala de árboles controlados y gestionados de manera sostenible, como por ejemplo la conocida certificación de la ONG *FSC* (Forest Stewardship Council).

# BENEFICIOS DE RECICLAR EL PAPEL

Resumimos los principales beneficios para el reciclaje del papel:

- **Ahorro de energía:** La fabricación de papel a partir de papel reciclado supone un ahorro del 70%[98] de la energía que se utilizaría si se fabricara a partir de madera o fibras vírgenes

- **Reducción de la materia prima consumida (árboles talados):** Por cada tonelada de papel reciclado se ahorra en madera el equivalente a 12 árboles[99] (4m³ de madera). Otras fuentes indican 17 árboles[100] e incluso[101] 31

- **Ahorro de recursos:** Reciclando, se podría abastecer a la industria del papel-cartón con casi el 69% de los recursos[102] que se necesitan

- **Ahorro de agua:** Reciclar el papel ahorra un 80% de agua con respecto a la producción a partir de fibra virgen

- **Mejora la calidad del aire y el agua:** El reciclaje del papel supone una disminución del 74% de las emisiones de gases y una reducción del 35% de las emisiones contaminantes del agua[103]

- **Ahorro de las emisiones de gases de efecto invernadero** (GEI)

- **Se evita que los residuos vayan al vertedero o la incineradora**

---

98. Ministerio de Agricultura, Alimentación y Medio Ambiente
99. *Ibidem*
100. Bureau of International Recycling. Página web
101. *Ibidem*
102. Programa General de Prevención y Gestión de residuos de Cataluña 2013-2020
103. Ministerio de Agricultura, Alimentación y Medio Ambiente y Bureau of International Recycling.

El reciclado de papel permite ahorrar mucha energía y agua, reducir la tala de árboles (12 por Tn), las emisiones GEI y mejorar el aire

Por 1 tonelada (1.000 kg) de papel reciclado:

- Se evita como mínimo la tala de 12 árboles. **Si una persona recicla todo el papel que produce durante un año, se evita la tala de casi 1 árbol**
- Se ahorran 4.000 KWh[104] de energía
- Supone un ahorro de 26 m³ de agua
- Equivale a 3,5 m³ de espacio en vertedero
- En la fabricación[105] del papel, cada vez que se sustituye 1 tonelada de fibras vírgenes por papel y cartón reciclado, se ahorran 2,3 toneladas de $CO_2$ equivalente, lo que corresponde a recorrer una distancia de 13.501 km. El dióxido de carbono ($CO_2$) es uno de los gases de efecto invernado causante del cambio climático
- Se puede fabricar 0,9 toneladas de papel[106]
- Reciclando 8 cajas de cartón de cereales se podría hacer un libro[107]

---

104. Bureau of International Recycling.
105. "Guía de buenas prácticas para el reciclaje de papel y cartón en Cataluña," Agencia Residus de la Generalitat de Catalunya y Gremi de Recuperació de Catalunya
106. *Pourquoi trier les ordures*, Mairie du Paris
107. Ecoembes, Equivalencia y datos, www.ecoembes.es

**¿Quieres saber más?**

► Proceso de fabricación del papel (CAST)

https://www.youtube.com/watch?v=Rc_MsY6s-nA

► Video animado: Proceso de reciclaje del papel (ENG)

https://www.recyclenow.com/recycling-knowledge/how-is-it-recycled/paper

❗ Denuncia de Greenpeace sobre excesivas plantaciones de Eucaliptus en la península ibérica (CAST)

http://www.greenpeace.org/espana/es/Trabajamos-en/Bosques/Plantaciones-de-eucalipto-Espana-y-Portugal/

❗ Cómo reducir el consumo y optimizar el uso y el reciclaje del papel (CAST)

http://www.greenpeace.org/espana/Global/espana/report/other/el-papel.pdf

❗ Guía de buenas prácticas para el reciclaje del papel cartón de la Generalitat de Catalunya (CAT)

http://residus.gencat.cat/web/.content/home/lagencia/publicacions/centre_catala_del_reciclatge__ccr/cast_guiapapercartro_web.pdf

❗ Más información sobre el certificado FSC (CAST)

 https://es.fsc.org/index.htm

## 7.3. La importancia de reciclar (envases) plásticos y metales

Los envases se suelen utilizar para contener, proteger, conservar o distribuir alimentos o productos en general. Además del contenido los envases también incluyen elementos auxiliares (como etiquetas, tapas como por ejemplo la del yogur, rellenos, entre otros).

Los envases pueden ser de diferentes materiales, como vidrio, cartón, plástico o metal, entre otros.

El contenedor amarillo es el destinado a los envases ligeros (esta fracción no incluye los envases de papel-cartón ni los envases de vidrio).

En torno al **12%** de la basura doméstica que generamos en las casas y en los comercios es de plástico y metal.[108] Esta fracción de envases ligeros incluye:[109]

● Envases de **plástico**, aproximadamente el **50%** de los envases ligeros[110]

● Envases **metálicos** (de acero o de aluminio), cerca del **33%**

● Envases compuestos o **mixtos**, el **17%** de los envases ligeros. Entre estos se encuentran los briks[111] o teatrabricks, en los que el 74% es papel-cartón, el 21% plástico y el 5% metal (tetrapak).

---

108. Elaboración propia a partir de diferentes estudios: "Pesa la brossa" 2014. Estudio Universidad Politécnica de Cataluña y Programa General de Prevención y Gestión de residuos de Catalunya 2013-2020. Según Agencia de Residus de Catalunya 2014 los datos son: Orgánica 37% papel y cartón 12%, vidrio 8%, plásticos y metales 12%. La gestió dels residus i el seu impacte en el canvi climàtic. Estadístiques 2014
109. Esta fracción no incluye los envases para pinturas o envases de productos químicos que deben llevarse al Punto limpio o Deixalleria
110. Agència de Residus de la Generalitat de Catalunya residus.gencat.cat
111."Petjada de carboni de la gestió i tractament de residus municipals de Catalunya",INEDIT i Agencia de Residus de la Generalitat, 2011-2012

Para no extenderme mucho en este capítulo me centraré en los envases de plástico y en los metales, ya que son los mayoritarios y más habituales.

En el año 2012 se recicló (recogida separadamente en contenedores) en Cataluña[112] un total de 135.378 toneladas de envases ligeros. En España[113] 641.266 toneladas.

Se calcula que en Catalunya[114] el reciclaje (de los **hogares y comercios**) fue del **30%** respecto al total de envases generado en Cataluña (incluye los envases recuperados en los ecoparques). En Europa, el reciclado de los envases plásticos (no incluye los metales) fue[115] del 35% en el año 2012. En el mismo año en USA[116] se recicló el 28% de los envases plásticos PEAD y el 31% del PET (las siglas se definen en siguientes páginas). No se dispone de cifras verificadas de España, ya que los datos incluyen los envases reciclados por las industrias.

Se recicla[117] el 30% de los envases plásticos y metálicos municipales que se producen

---

112. Estadísticas de la Generalitat de Catalunya, estadistiques.arc.cat

113. Memoria 2013 del Ministerio de Agricultura, Alimentación y Medio Ambiente

114. Programa General de Prevención y Gestión de residuos de Cataluña 2013-2020

115. Facts 2013 de la Asociación Europea de productores de plástico, Plastics Europe, El reciclado de envases plásticos en UE27 fue del 40% para el año 2014 según "The new plastics economy. Rethinking the plastics economy," Ellen MacArthur Foundation, enero 2016

116. United States Environmental Protection Agency www.epa.gov

117. Según Ecoembes se recicla el 70,3% de los envases de plásticos, latas, briks, papel y cartón. Año 2012. "El reciclado de los envases: pasado, presente y futuro"

# ENVASES PLÁSTICOS

Existe una gran variedad de plásticos. En su mayoría se trata de materiales artificiales, aunque hay algunos naturales. En su origen, los materiales se consideraban plásticos no por su composición sino por su plasticidad, puesto que poseían la capacidad de adoptar diferentes formas entre unos intervalos de temperatura. Los plásticos, en general, están compuestos o son derivados del petróleo y de otras sustancias naturales y se obtienen de manera sintética, multiplicando los átomos de carbono en sus moléculas (polimerización). Los plásticos suelen pesar poco -o son de baja densidad-, son relativamente baratos y de gran duración en el tiempo. El plástico está muy integrado en la actual vida moderna.

Los plásticos son derivados del petróleo. Hace tan solo 100 años que se usan de manera generalizada y han crecido de manera exponencial

La historia del plástico comienza en el año 1860. Y en el 1909 se inicia la "era del plástico" con la fabricación del primer plástico totalmente sintético llamado "baquelita." Por tanto, y a diferencia de otros materiales como el papel o el vidrio, el plástico se utiliza desde hace tan solo unos 100 años. Sin embargo, la utilización del plástico ha crecido de manera exponencial y se prevé que continúe así. De las casi 2 toneladas[118] producidas en el 1950 se ha pasado a 300 millones de toneladas en el año 2013, y de hecho se espera

---

118. "New Link in the food cain? Marine plastic pollution and seafood safety" Web Environmental Health Perspectives ehp.niehs.nih.gov

que, a este ritmo, en el año 2050 la producción de plástico mundial podría triplicarse.[119] Se calcula que el 26% de la producción de plástico mundial[120] está destinado a fabricar envases de plástico (otras fuentes indican[121] el 40%).

Se estima[122] que en el 2012 la producción mundial de plástico alcanzó casi las 300 millones de toneladas. Entre el 6%[123] y el 8%[124] del consumo anual de petróleo es destinado a la producción de material plástico (la mitad como materia prima y la otra mitad como energía para fabricar plástico). Recordemos que el petróleo es una materia prima finita.

119. Wurpel G.,Van den Akker J., Pors J., Ten Wolde, *Plastics do not belong in the ocean. Towards aroadmap for a clean North Sea.* IMSA Amsterdam,2011), p. 39
120. The new plastics economy. Rethinking the plastics economy, Ellen MacArthur Foundation, enero 2016
121.Libro Verde: s*obre una estrategia europea frente a los residuos de plásticos en el medio ambiente,* Comisión Europea
122. "Global Plastic Production Rises, Recycling Lags," World watch Institute.
123. "The new plastics economy. Rethinking the plastics economy," Ellen MacArthur Foundation, enero 2016
124. "Global Plastic Production Rises, Recycling Lags," World watch Institute.

Los principales tipos de envases plásticos que encontramos en las bolsas de basura de los hogares y comercios son:

● El **PET** o Polietilenotereftalato es un material muy resistente y ligero. Normalmente se utiliza para la fabricación de **botellas de agua o refrescos** carbónicos. Representa el 15% de la producción de los envases plásticos europeos[125]

● El **PEAD** o Polietileno de alta densidad es un plástico resistente al impacto, y a las bajas temperaturas, impermeable y aislante eléctrico. Se utiliza para las **botellas de leche o de productos de limpieza y detergentes.** Respresenta el 19% de los envases plásticos europeos[126]

● EL **PEBD** o polietileno de bajo densidad es un plástico blando, flexible y poco resistente a la temperatura que se utiliza para fabricar **bolsas de plástico** como las de supermercados o comercios, bolsas de basura o papel film transparente. Respresenta el 32% de los envases plásticos europeos[127]

● Otros plásticos como el PP o polipropileno o el PS o poliestireno y poliestireno expandido (porexpan)

Según la ley europea, en todos los envases debe constar una identificación sobre la naturaleza del material, para facilitar la recogida y el reciclado.

---

125. ''Plastic waste in the environment,'' Comisión Europea
126. *Ibidem*
127. *Ibidem*

Los envases plásticos del contenedor amarillo se pueden reciclar completamente[128] al 100%. Se estima que el proceso de reciclaje del plástico se puede repetir unas 4 o 5 veces.[129]

## Los envases plásticos se pueden reciclar el 100% hasta 5 veces

Los envases ligeros se llevan primero a una planta de triaje donde se separan por tipo de material, para luego llevarlos a las plantas de tratamiento. Para llevar a cabo esta selección, en Catalunya[130] se dispone 13 plantas de triaje y un total de 94 en España.[131]

Una vez en las plantas de tratamiento, los envases plásticos, se trituran en pequeños granos de plástico, llamados "grazna". La grazna se funde en gránulos, para así, poder alterar sus propiedades, con el fin de obtener una materia apta para fabricar productos reciclados. Algunos ejemplos de los productos reciclados que se pueden realizar[132] son: tuberías (31%), piezas industriales (25%), bolsas y láminas (15%), bolsas de basura (10%), varios 14% (mobiliario urbano, perchas, calzado, etc.), botellas y bidones (3%), menaje (2%) o envases de plástico no destinados a productos alimentarios (como detergentes o productos de limpieza del hogar).

---

128. Libro Verde: *sobre una estrategia europea frente a los residuos de plásticos en el medio ambiente*, Comisión Europea y mismo dato Ciclopast, www.cicloplast.com
129. "¿Cuántas veces se puede reciclar?," *El País*, blog semanal. 2010
130. PINFRECAT: Plan territorial de infraestructuras de gestión de residuos municipales de Cataluña 2013-2020
131. Memoria 2013 del Ministerio de Agricultura, Alimentación y Medio Ambiente
132. "El reciclado de envases de plástico," Ciclopast, www.cicloplast.com

# ENVASES METÁLICOS

Los metales son materiales o elementos químicos que se caracterizan por conducir o transmitir el calor y la electricidad. Suelen ser bastante pesados o ser densos, y casi todos se encuentran en estado sólido a temperatura ambiente. La mayoría de los elementos de la tabla periódica son metales.

La historia de la utilización de los metales se remonta a la Prehistoria, en concreto a la Edad de Bronce (3500 a.C), a la que le siguió la Edad de Hierro ( 1400 a.C. ). Por tanto, se puede decir que hace más de 5.500 años que utilizamos los metales.

Los principales envases metálicos que encontramos en las bolsas de basura de los hogares y comercios son:

- Latas de acero (98% hierro y 2% carbono, aproximadamente)
- Latas de aluminio, para productos alimentarios
- Aerosoles (desodorantes, productos de limpieza, etc)

Llevamos más de 5.000 años utilizando los metales. Un material que se puede reciclar infinitas veces

Los metales, al igual que el vidrio, se pueden reciclar una infinidad de veces, sin alterar sus características. Los envases metálicos son 100% reciclables, ya que, mediante procesos de fundición permiten obtener un material apto para fabricar nuevos productos. El reciclado del aluminio da lugar a un producto prácticamente igual que el aluminio virgen.

En el 2012 se reciclaron en España el 41% de los envases de aluminio.[133] Se estima que el 70% de la latas del mercado español son de aluminio mientras que las de acero son el 30%.

---

133. Asociación para el reciclado de productos de aluminio, www.aluminio.org

# BENEFICIOS DE RECICLAR LOS PLÁSTICOS Y LOS METALES

Resumimos los principales beneficios del reciclado de los plásticos y metales:

- **Ahorro de energía**: La fabricación a partir de envases reciclados, supone un ahorro[134] energético del 84% en el caso de los plásticos, del 95% en las latas aluminio y del 75% en las latas de acero, con respecto a la fabricación a partir de materiales vírgenes

- **Reducción de las necesidades de materia prima:** Por cada tonelada de envases plásticos reciclados se ahorra en torno 1 tonelada de petróleo.[135] Por cada tonelada de aluminio reciclado, se ahorra 6 toneladas de bauxita (elemento a partir del cual se hace el aluminio)

- **Ahorro de recursos:** Con todos los envases reciclados se podría abastecer a la industria de la fabricación de plástico en casi el 9% de los recursos[136] que se necesitan

- **Mejora de la calidad del aire al reducir su contaminación**: El reciclaje del aluminio representa una disminución de las emisiones[137] en 9,8 toneladas de $CO$ y 64kg $SO_2$

- **Disminución de las emisiones de gases de efecto invernadero**

- **Descenso de los residuos destinados al vertedero o incineradora**

---

134. Ministerio de Agricultura, Alimentación y Medio Ambiente y Bureau of international Recycling
135. Ministerio de Agricultura, Alimentación y Medio Ambiente
136. Programa General de Prevención y Gestión de residuos de Cataluña 2013-2020
137. Estudio sobre la recuperación del aluminio, Arpal,(Asociación para el reciclado de productos de aluminio), 2013

El reciclado de los metales permite ahorrar mucha energía, reducir el consumo de recursos (petróleo) y las emisiones GEI y mejorar el aire

Por 1 tonelada de envases:

- Se ahorra 1 tonelada de **petróleo** (de una tonelada de envases plásticos)

- De botellas PET presenta un beneficio neto en gases de efecto invernadero de 1,5 toneladas de $CO_2$ equivalentes[138]

- Reciclando 1 tonelada de aluminio se ahorra 6 toneladas de bauxita y 4 toneladas de productos químicos y 14.000 Kwh de **electricidad**[139]

- El reciclado de una **lata de aluminio** permite ahorrar la energía necesaria para hacer funcionar un **televisor** durante **3 horas**[140]

- El reciclado de una **botella de plástico** PET permite ahorra la energía necesaria para hacer funcionar un **televisor** durante **20 minutos**[141]

- Reciclando **40 botellas de agua** (PET) se puede confeccionar un **forro polar**[142]

- Reciclando **80 latas de refresco** se pueden fabricar **una llanta** de bicicleta[143]

---

138. "Life out of plastic"
139. Metals - aluminium and steel recycling. en wasteonline.org.uk.
140. *Ibidem*
141. "Porque es buena idea prestar atención al plástico que compras," *La Vanguardia* 18 de febreo 2016
142. Ecoembes, Equivalencia y datos, www.ecoembes.es
143. *Ibidem*

## ¿Quieres saber más?

▶ "Envases que dejan huella," *Programa el Escarabajo verde*, RTVE (CAST)

http://www.rtve.es/television/20150505/envases-dejan-huella/1138963.shtml

🔋 Historia de una lata (CAST)

https://www.youtube.com/watch?t=112&v=zeno6jQHzKU

🔋 Información sobre el sistema SDDR (Sistema de Devolución, Depósito y Retorno) (CAST)

http://www.retorna.org

🔋 Sin plástico: Cooperativa que promueve la reducción del uso del plástico (CAST)

http://www.sinplastico.es/

🔋 Página web Plastics Europe (CAST)

http://www.plasticseurope.es

🔋 Por qué es buena idea prestar atención al plástico que compras (CAST)

http://www.lavanguardia.com/natural/tu-huella/20160217/302225819356/tu-huella-plastico-comprar-reciclar.html

🔋 Los tipos de plásticos más habituales (CAST)

http://www.ecointeligencia.com/2013/12/tipos-de-plasticos-habituales-2/

## 7.3.1. El secuestro del contenedor amarillo

En la gestión de residuos, muchas de las leyes y programas que inciden en el modelo de recogida y tratamiento de residuos se basan en dos principios importantes:

**Principio de la responsabilidad ampliada del productor**

Los productores[144] de productos, que luego se convierten en residuos, deben hacerse cargo de los costes de la gestión de recogida y tratamiento de este tipo de basura. Por ejemplo, las empresas embotelladoras de agua o los productores de yogures deben hacerse cargo de la recogida y tratamiento de los envases de agua o yogur, respectivamente.

**Principio de quien contamina paga**

Los responsables de la contaminación del medio ambiente deben asumir los costes derivados de esta contaminación. En materia de residuos este principio se suele expresar como el esquema de la responsabilidad ampliada del productor. En inglés este principio se denomina "Pay as you throw" (PAYT).

Quien contamina, paga

Para poder dar respuesta a una Directiva Europea[145] sobre envases y principios en España se decidió optar por un Sistema Integrado de Gestión (SIG) de los productores de envases (productores, envasadores y distribuidores) y crear una empresa que lo gestionase: Ecoembes. Otra de las opciones posibles era el modelo del Sistema de Depósito, Devolución y Retorno (SDDR).

---

144. Directiva 2008/98/CE, residuos y la responsabilidad ampliada del productor, artículos 8 y 15
145. Directiva 94/62/CE sobre envases y restos de envases, transpuesta a la legislación española mediante la Ley de Envases y Residuos de Envases (LERE) del año 1997

Según el modelo SIG (renombrado como SCRAP: Sistema Colectivo de Responsabilidad Ampliada del Productor), todo productor que quiera poner un producto en el mercado debe afrontar el pago de una tasa de gestión (recogida y tratamiento) a Ecoembes, si bien, esta tasa se suele repercutir en el producto y por tanto en el cliente.

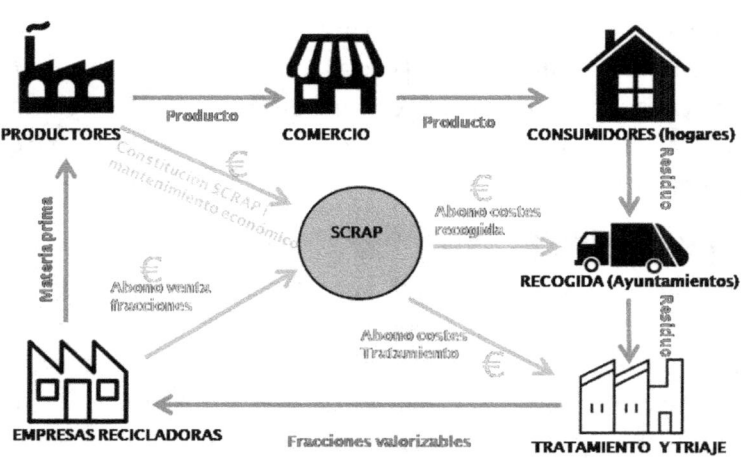

ESQUEMA SCRAP

Ecoembes S.A. es una empresa sin ánimo de lucro pero participada por empresas con ánimo de lucro. En grandes números[146] la participación corresponde en un 55% empresas envasadoras (Nestlé, Pescanova, Coca-Cola, etc.), en un 20% empresas de distribución comercial (Corte Inglés, Carrefour, Mercadona...) y en un 20% a empresas productoras de materias primas (Tetra Pack, Hispania S.A., ARPAL...).

---

146. "La hipoteca de los residuos envases," revista *El Ecologista*, versión web N° 84, Ecologistas en Acción.

Por otro lado, para facilitar la recogida de estos envases Ecoembes realiza acuerdos o convenios con las comunidades autónomas para que sean los ayuntamientos quienes realicen la recogida (mediante el contenedor amarillo) y el tratamiento de los envases, a cambio de una retribución económica. Se trata de una especie de subcontratación, desde el punto de vista de la eficiencia y con el propósito de no atiborrar las ciudades de diferentes contenedores y camiones.

Hasta este punto, el modelo parece válido. Sin embargo, en algún momento de la implantación del contenedor amarillo, éste se asoció solo a envases. De este modo no se recicla ningún objeto o residuo de plástico o metal que no sea un envase, aunque se trate del mismo material. Realizando análisis o caracterizaciones[147] de los residuos generados se comprueba que el 43% de los plásticos y metales que tiramos a la basura (42% solo para residuos plásticos según UE) al no ser envases domiciliarios no se pueden poner en el contenedor amarillo (no tienen el punto verde de reciclaje que indica que se debe depositar en el contenedor correspondiente).

---

147. Dato a partir de las caraterizaciones de residuos realizadas en el Prat del Llobregat 2016

http://www.elprat.cat/actualitat/noticies/el-76-del-que-llencem-al-contenidor-gris-no-hi-hauria-danar

Con este sistema no se recicla ningún objeto o residuo de plástico o metal que no sea un envase domiciliario, aunque se trate exactamente del mismo material. Hay una gran cantidad de objetos de plástico no envases como por ejemplo: juguetes, artículos de entretenimiento y deporte, muebles, herramientas de limpieza (escobas, palas, cubos) entre otros muchos.

**El tratamiento y reciclaje de residuos no entiende de envases.** Las plantas de reciclaje de envases gestionan residuos, como los que hemos mencionado (PET, ALU, PP, PE, etc.) y el tratamiento es por material.

## El reciclaje no entiende de envases. Solo de materiales

Además, las Directivas Europeas exigen que gestionemos los residuos de manera separada **por tipo de material**, no por envases. Cito textualmente el artículo 11 "Reutilización y Reciclaje" de la Directiva 2008/98/CE sobre residuos:

"Los Estados miembros tomarán medidas para fomentar un reciclado de alta calidad y, a este fin, establecerán una recogida separada de residuos, cuando sea técnica, económica y medioambientalmente factible y adecuada, para cumplir los criterios de calidad necesarios para los sectores de reciclado correspondientes [...] antes de 2015 deberá efectuarse una recogida separada para, al menos, las materias siguientes: papel, **metales**, **plástico** y vidrio".

No sé en qué momento se produjo, pero el secuestro

del contendor amarillo por los envases, es un hecho. Afortunadamente, creo que lo podemos liberar... sin pagar rescate alguno.

En algún momento de la historia el contenedor amarillo se convirtió en el contenedor exclusivo de los envases...

## PROPUESTA

No pretendo ser negativo, ni cambiar de manera radical todo el sistema de reciclaje establecido, o quizás sí, y se debería cambiar al mencionado modelo SDDR, tengo mis dudas... No obstante, se podrían empezar por incluir en el contendor amarillo cualquier objeto -residuo- de plástico o metal, aunque no sea un envase. Manteniendo el modelo actual, se podría llevar a cabo un análisis de la composición de los residuos del contenedor amarillo (en la actualidad ya se realiza, denominado caracterización), de tal manera que Ecoembes, como viene haciendo, sufragara únicamente los costes de los envases. ¿Por qué hay que cargar a la ciudadanía con la responsabilidad y dudas de diferenciar qué es envase y qué no, para saber si este residuo ha pagado la tasa o no? Sería más fácil diferenciar por materiales (plásticos y metales). Además, de esta manera conseguiríamos que otros residuos (los no envases) entraran en el circuito de reciclaje de manera óptima.

**¿Quieres saber más?**

🔖 Artículo de blog: "La hipoteca de los residuos envases" (CAST)

http://www.productordesostenibilidad.es/2015/04/la-hipoteca-de-los-residuos-de-envases/

 http://www.ecologistasenaccion.org/article29802.html

🔖 Directiva 2008/98/CE sobre residuos (CAST)

http://eur-lex.europa.eu/legal-content/ES/ALL/?uri=CELEX:32008L0098

🔖 Propuesta a favor del SDDR (CAST)

http://www.retorna.org/es/elsddr/propuesta.html

🔖 Estudio en contra del SDDR y a favor del SIG (CAST)

http://www.envaseysociedad.org/analisis-de-solvencia-tecnica-de-diferentes-estudios-realizados-sobre-el-sddr/

🔖 En el reciclaje de envases...no salen las cuentas (CAST)

http://mpcambiental.com/wordpress/2012/07/las-cuentas-salen/

🔖 Ochenta dudas ante el contenedor amarillo, *El País* (CAST)

http://elpais.com/elpais/2015/04/27/ciencia/1430130449_028355.html

🔖 Ecoembes (CAST)

https://www.ecoembes.com

🔖 "Ecoembes no es lo que parece" (CAST)

http://www.productordesostenibilidad.es/2016/02/ecoembes-no-es-lo-que-parece/

## 7.3.2. El mayor vertedero de plásticos del mundo: El océano

Nuevos tiempos, nuevos retos.

Hemos visto cómo la producción de plásticos ha aumentado[148] hasta los 300 millones de toneladas en el año 2013, de los cuales 78 millones[149] son destinados a envases de plástico. El extraordinario crecimiento de este tipo de basura ha provocado que muchos plásticos no reciban un tratamiento apropiado y acaben, entre otros sitios, en los mares y océanos.

El 32% de los plásticos producidos acaba en el mar formando islas flotantes de residuos

Cada año unos 10 millones[150] de toneladas de basura van a parar al mar y a los océanos. La mayoría son residuos plásticos, y representan[151] el 32% de los envases plásticos. El vertido de residuos plásticos equivale a **verter un camión de basura en el mar cada minuto.** En los océanos[152] Atlántico y Pacífico hay unas islas flotantes o placas de residuos que pesan en torno a 100 millones de toneladas, de las cuales el 80% son plásticos. **El 80% de los plásticos marinos procede de la tierra**. Las principales

---

148. "New Link in the food cain?," *op.cit.*
149. The new plastics economy. Rethinking the plastics economy.,Ellen MacArthurFoundation,Enero 2016
150.Libro verde: *sobre una estrategia europea frente a los residuos de plásticos en el medio ambiente,* Comisión Europea. 8 millones según "The new plastics economy. Rethinking the plastics economy," *op.cit.*
151.The new plastics economy. Rethinking the plastics economy," *op.cit.*
152.Libro verde: *sobre una estrategia europea frente a los residuos de plásticos en el medio ambiente,* Comisión Europea. 150 millones de toneladas según The new plastics economy. Rethinking the plastics economy., *op.cit.*

causas son los vertidos de aguas fluviales, los aliviaderos de presas hidráulicas, la basura del turismo, las actividades industriales... Si no somos capaces de frenar este ritmo de vertidos y de contaminación, se estima[153] que en el año 2050 ¡habrá más plásticos que peces en los océanos!

Los plásticos afectan a los peces y si no cambiamos de mentalidad acabarán habiendo más plásticos que peces en el mar

Hay que tener en cuenta que la degradación o tiempo necesario para que la naturaleza asimile los plásticos puede llegar a ser de cientos de años.

El principal problema o consecuencia de estos plásticos flotantes es, por un lado, que las especies marinas pueden enredarse con ellos y también ingerirlos. Si la **fauna marina** ingiere estos plásticos, y en especial los microplásticos (partículas pequeñas de los plásticos degradadas por el efecto del sol) y los aditivos químicos, puede derivar en un gran foco potencial de contaminación.[154] Por otro lado, estos plásticos suelen tener sustancias tóxicas y pueden incorporarse en el medio ambiente o en el **agua**.

El principal foco de contaminación regional está situado en China con un 30% de la responsabilidad, seguido por Indonesia, Filipinas, Vietnam, Sri Lanka, entre otros.[155]

---

153. "The new plastics economy. Rethinking the plastics economy," *op.cit.*
154. Libro verde, *op.cit.*
155. "Which countries create the most ocean trash?" Artículo *The Wall Street Journal*

**¿Quieres saber más?**

► Vídeo animado sobre los plásticos en e océano (ENG)

http://oceantoday.noaa.gov/trashtalk_garbagepatch/

► Lata dentro de pez. Muy claro y conciso

https://www.youtube.com/watch?v=M6CfwOkDAeg

► Documental: *Garbarge island:* An ocean full plastic (ENG)

https://www.youtube.com/watch?v=D41rO7mL6zM

🛈 Artículo sobre la contaminación Marina. Environmental Health Perspectives (ENG)

http://ehp.niehs.nih.gov/123-a34/#r2

🛈 *Libro Verde sobre una estrategia europea frente a los residuos de plásticos en el medio ambiente,* Comisión Europea (CAST, ENG y FR)

http://eur-lex.europa.eu/legal-content/ES/TXT/?uri=CELEX:52013DC0123

🛈 Web sobre un Movimiento de coalición global para hacer un mundo libre de plásticos (ENG)

http://www.plasticpollutioncoalition.org

► Capitán Charles Moore descubridor la basura flotante (ENG)

http://www.ted.com/talks/capt_charles_moore_on_the_seas_of_plastic?language=es#t-44995

🛈 Artículo "8 millones de residuos plásticos se arrojan al mar cada año," *ABC,* (CAST)

http://www.abc.es/sociedad/20150213/abci-plastico-oceanos-201502121839.html

## 7.4. La materia orgánica: Una cuestión clave

Se denomina "materia o fracción orgánica" (o biorresiduos) a los restos vegetales y de comida (en su mayoría de origen vegetal o animal). Se componen de agua (en un 80% de su peso) y de materia orgánica (hidratos de carbono, proteínas y grasas). Suelen ser residuos bastante pesados, de escaso volumen al ocupar poco espacio y por tanto se trata de residuos de alta densidad.

Los residuos orgánicos provienen de los restos de comida que tiramos

Esta fracción incluye los restos vegetales de pequeño tamaño provenientes de la jardinería y la poda (ramos de flores, césped...). No incluye la poda de árboles o similares (debido a su mayor tamaño y a su naturaleza leñosa) que se gestiona a través de la "fracción poda o verde" de los Puntos Limpios, Puntos Verdes o Deixalleries.

Residuos orgánicos los ha habido siempre a lo largo de la historia, en pequeñas cantidades y, o bien era la propia naturaleza los que los absorbía, o bien servían de alimento a los animales.

La mayoría de estos residuos se generan en la cocina de los particulares, *antes* de las comidas (peladuras, cáscaras), *durante* las comidas (restos no comestibles, huesos, pieles, espinas) y también por desgracia, *después* de las comidas (comida caducada o en mal estado, o excedentes de comida que acaban en el cubo de la basura). También se genera esta clase de residuos -otros focos de generación- en las actividades comerciales (fruterías, verdulerías, mercados, supermercados, bares restaurantes, hoteles, entre otros), así como en centros de comida colectiva (en escuelas, en empresas). *Véase el siguiente capítulo sobre el gran del despilfarro alimentario.*

Dentro de los residuos municipales, la materia orgánica es la fracción más inestable, ya que está expuesta a la acción de los microorganismos, que pueden degradarla biológicamente, y generar entonces malos olores y lixiviados.

Como hemos visto, en torno al 38%[156] de la basura doméstica -en casa de particulares- y comercial es materia orgánica. En otras palabras: **casi el 40% de los residuos que generamos es materia orgánica.**

En el año 2012 se recicló (recogida por separado en contenedores) en Cataluña[157] un total de 384.136 toneladas de materia orgánica. En España[158] 547.564 toneladas. Y en

---

156. Elaboración propia a partir de diferentes estudios: "Pesa la brossa" 2014. Estudio Universidad Politécnica de Cataluña y Programa General de Prevención y Gestión de residuos de Cataluña 2013-2020. Según Agencia de Residus de Catalunya 2014 los datos son: Orgánica 37%, papel y cartón 12%, vidrio 8%, plásticos y metales 12%. La gestió dels residus i el seu impacte en el canvi climàtic. Estadístiques 2014
157. Estadísticas Generalitat de Catalunya estadistiques.arc.cat
158. Memoria 2013 del Ministerio de Agricultura, Alimentación y Medio Ambiente

Europa 28.540.000 toneladas. Se calcula[159] que el mismo año el reciclaje de la materia orgánica de los **hogares y comercios** fue *tan solo* del **22%** respecto al total generado en Cataluña. Las cifras de España no se han podido contrastar.

La materia orgánica representa
el 40% de nuestra basura,
pero solo reciclamos un 22%

En cuanto al número de plantas para tratar la materia orgánica, llama la atención que Cataluña dispone de 24, mientras que España dispone en total tan solo de 44. La diferencia reside en que la recogida selectiva (por separado) de esta fracción en Cataluña es obligatoria. Cabe destacar, que Cataluña es la única comunidad autónoma española donde es obligatorio recoger los residuos orgánicos por separado, aunque está muy extendida en Euskadi.

La ampliación del modelo de recogida con un quinto contenedor de residuos selectivos (de materia orgánica o biorresiduos) contribuye a aumentar la tasa de reciclado global hasta el 40%. El reciclaje de la fracción orgánica es una de las **claves para tener un modelo de éxito** en la gestión de residuos.[160]

El reciclaje de la materia orgánica es una de
las claves para tener éxito en el reciclaje

---

159. Programa General de Prevención y Gestión de residuos de Cataluña 2013-2020
160. Libro Verde *de la Sostenibilidad urbana y local en la era de la información*. Ministerio de Agricultura, Alimentación y Medio Ambiente, y Agencia de ecología Urbana de Barcelona, 2012

# BENEFICIOS DE RECICLAR LA ORGÁNICA

Los principales beneficios del reciclado de los la materia orgánica son:

- **Ahorro de energía:** El reciclaje de la materia orgánica en las plantas (de digestión anaeróbica) produce biogás, similar al de los vertederos, y permite la obtención de energía

- **Ahorro de recursos:** La materia orgánica se convierte en compost en las plantas de tratamiento (proceso de compostaje y digestión anaeróbica). El compost se utiliza como abono orgánico para la agricultura y la jardinería y evita el uso de otros abonos. El compost mejora la calidad de los suelos (fertilidad, porosidad, retención de agua y retención de nutrientes). Además, el hecho de que las otras fracciones -papel, vidrio, plástico y metal- no contengan materia orgánica (que se degrada con facilidad) ayuda a mejorar su reciclado, tanto en cantidad como en calidad o eficiencia

- **Mejora la calidad del aire y el agua** reduciendo su contaminación. Tratando los residuos orgánicos en las plantas de reciclaje se evitan problemas de olores, así como las emisiones de gases y lixiviados propias de los vertederos e incineradoras. Además, la materia orgánica es unos de los precursores de la generación de las mencionadas dioxinas y furanos de las incineradoras[161]

---

161. "Gestión de los biorresiduos de competencia municipal," Ministerio de Agricultura, Alimentación y Medio Ambiente

● **Mejora de la calidad de los suelos**: El compost ayuda a mejorar la estructura y fertilidad de los suelos degradados y faltos de materia orgánica[162] muy comunes en todo el territorio español

● **Disminución de la emisión de gases de efecto invernadero.** Como hemos comentado, las emisiones de los vertederos contribuyen al calentamiento global del planeta. Uno de los grandes beneficios de tratar la materia orgánica en plantas de reciclaje es que reduce la emisión de gases como el metano $CH_4$ o el dióxido de carbono $CO_2$, responsables de mencionado calentamiento global

● **Descenso de los residuos destinados a vertedero o incineradora**

El reciclado de la materia orgánica permite reducir el impacto sobre el medio ambiente

Los residuos de vidrio, papel, cartón, plástico y metales se reciclan con el objetivo de aprovechar los materiales y de minimizar el impacto ambiental -menor consumo de energía o agua, menor contaminación del aire o reducción de los gases de efecto invernadero-. A diferencia de estos materiales, **la materia orgánica se recicla básicamente por su alto potencial de impacto en el medio ambiente**, aunque también se obtiene un recurso que es el compost.

---

162. Ministerio de Agricultura, Alimentación y Medio Ambiente

## ¿Quieres saber más?

▶ Planta de compostaje (CAST)

https://www.youtube.com/watch?v=uLtrTkLHuBs

## 7.4.1. El Gran Despilfarro alimentario

Dentro del paraguas de la prevención de los residuos -generar menos cantidad de basura- uno de los principales caballos de batalla actuales es el gran despilfarro alimentario que producimos. No somos *conscientes*, pero la FAO[163] ha establecido que a nivel mundial 1/3 de la comida que se produce para el consumo humano se despilfarra.

1/3 de la comida que se produce se
despilfarra

No obstante, este despilfarro no se produce únicamente en la mesa y en las cocinas, sino que afecta a toda la cadena de producción, desde el campo, la industria, el transporte, hasta los comercios y hogares. En el ámbito de los residuos municipales, los hogares representan un despilfarro[164] del 58% del total, los comercios (fruterías, verdulerías, mercado, supermercados, etc.) un 26% y la restauración (Bares, restaurantes, hoteles, entre otros) un 16%.

A escala mundial, la producción de alimentos es 1,5 veces mayor que la demanda de alimentos, aunque el acceso a los alimentos es muy desigual.[165]

En Cataluña se genera cada año casi 1,2 millones de toneladas de materia orgánica asociable a restos de comida, en domicilios y comercios en general. Cada persona despilfarra el 6% de estos alimentos, que acaban en el cubo de la basura (selectiva o no) y este despilfarro supone un total de 262.000 toneladas anuales.[166] La media de este

---

163. Organización Mundial de las Naciones Unidas para la alimentación
164. *Guía para evitar el despilfarro alimentario,* Ayuntamiento de Barcelona
165. *Ibidem*
166. Agencia catalana de Residuos

despilfarro es de 35 kg por habitante y año, o lo que es lo mismo: casi **100 gramos por habitante y día.**

El impacto **económico** del despilfarro alimentario de los alimentos desechados en Cataluña se estima en unos 841M€.[167] Pero el despilfarro provoca también otro tipo de impactos, como son los **sociales o éticos** (una gran parte de las personas de este planeta pasan hambre) y los **ambientales**: se estima que a escala mundial el despilfarro alimentario ocasionó 3,3 Gt de $CO_2$ eq, equivalente a más del doble del las emisiones del tráfico rodado (coches, camiones, motos etc.) en USA en el 2010.[168] La media mundial de emisiones por persona y año debido al despilfarro alimentario equivale a las emisiones producidas por un coche durante un trayecto de 2.300 km (Barcelona-Copenhague son 2.137 km). En otras palabras: si el despilfarro alimentario fuese un país, sería el tercer emisor de gases de efecto invernadero.[169]

Si el despilfarro alimentario fuese un país sería el tercer emisor de gases de efecto invernadero

El principal problema del despilfarro alimentario es que **la gente no es consciente** del acto[170] de tirar comida a la basura.

A nivel municipal existen múltiples iniciativas, como Bancos de Alimentos o Puntos Solidarios, donde se canalizan los excedentes alimentarios a familias que lo necesiten.

---

167. Área Metropolitana de Barcelona, www.amb.cat
168. Según FAO 2013 y "Malbaratament Alimentari," Treball de recerca, AMB, 2014
169. http://www.residuosprofesional.com/desperdicio-alimentario-emisiones-gases/
170. "Malbaratament Alimentari," Treball de recerca, AMB, 2014

## ¿Quieres saber más?

► Genial campaña de comunicación del despilfarro alimentario en Irlanda

https://www.youtube.com/watch?v=VGTPKKOVoz4

► Buena explicación del despilfarro alimentario de Tristram Stuart en TED (ENG)

http://www.ted.com/talks/tristram_stuart_the_global_food_waste_scandal?language=es

► Canal *Youtube* sobre el despilfarro alimentario

https://www.youtube.com/playlist?list=PLWQMeO43vsucDx0ZDQjGy746Oql_9PKv7

▮ Campaña de comunicación para tomar conciencia del despilfarro alimentario (CAT)

http://somgentdeprofit.cat/

▮*Guía para evitar el el despilfarro alimentario.* Ayuntamiento de Barcelona (CAT)

http://ajuntament.barcelona.cat/ecologiaurbana/sites/default/files/Guia_per_evitar_malbaratament_alimentari.pdf

▮Proyecto de Punt Solidari en El Prat del Llobregat (CAT)

http://www.elprat.cat/persones/serveis-socials/punt-solidari-servei-de-distribucio-gratuita-daliments

## 7.5. Resumen de los beneficios del reciclaje de residuos

Se suele hablar de los beneficios para el medio ambiente debido al reciclaje de nuestros residuos, pero de ¿cuánto estamos hablando? ¿Realmente es tan bueno el reciclaje para el medio ambiente? A veces es importante saber de cuánto estamos hablando para poner "negro sobre blanco," con cosas concretas y reales.

Pues bien, después revisar cada una de las fracciones, para facilitar la comparación de los beneficios de las diferentes fracciones en el medio ambiente presento el siguiente cuadro de **beneficios por cada fracción que reciclamos**:

| | VIDRIO | PAPEL | PLÁSTICO | METALES | ORGÁNICA |
|---|---|---|---|---|---|
| Energía consumida | - 20 a -30% | -70% | -84% | -75 a 95% | Ahorro |
| Materia prima | 1kg materia x 1kg reciclado | 12 árboles x 1 Tn | 1kg petróleo x 1 kg | 6 kg bauxita x 1 kg Al | Compost mejora calidad suelos |
| Recursos necesarios en Industria | 34% de las necesidades | 69% de las necesidades | 9% de las necesidades | | |
| Agua contaminada | -45% | -35% (-80% consumo) | | | |
| Aire contaminado | -20% | -74% | Reducción emisiones | | |
| Efecto invernadero | -20% a 50% | Ahorro | | | Ahorro por vertederos |
| Ahorro vertedero e incineradora | Ahorro residuos a tratar | | | | |

Confieso que mientras elaboraba la tabla, me ha sorprendido el constatar la reducción de recursos y sobre todo el consumo de energía, que ahorramos al reciclar nuestra basura. Tanto es así, que **el reciclaje es más una cuestión de ahorro energético, de recursos y de no contaminar el planeta.**

Reciclar nuestra basura permite ahorrar energía, recursos y la preservación de nuestro planeta

**Conclusiones**

● Reciclar los residuos permite ahorrar más del 30% de la energía en la fabricación de nuevos envases o materiales

● Gracias al reciclado se reduce el consumo de materias primas (escasos en España y en Europa). La relación es mayor de 1 a 1. El reciclado de 1.000 kg de papel permite evitar la tala de 12 árboles

● Reciclando se reduce el consumo y la contaminación del agua. Solo el 2% del agua de la tierra es potable

● Reciclar contribuye a la reducción de la emisión de los gases que provocan el calentamiento global… que es real y existe

● Y sobre todo, si reciclamos los residuos, no solo obtendremos beneficios directos sino también indirectos, es decir, evitaremos los inconvenientes que ocasionan los vertederos y las incineradoras

## ¿Quieres saber más?

▶ "Un soplo de aire contaminado," *Programa el Escarabajo verde*, RTVE (CAST)

http://www.rtve.es/television/20150429/soplo-aire-contaminado/1136279.shtml

▶ Documental sobre la contaminación en China, marzo 2015, fenómeno viral, con más de 150 millones de visitas (CH sub CAST)

https://www.youtube.com/watch?v=T6X2uwlQGQM

# 8.
# EL MEJOR RESIDUO ES EL QUE NO SE GENERA

No solo hay que reciclar los residuos, sino también reducir la basura que generamos, ya que desde el punto de vista ambiental el mejor residuo es aquel que no se genera. En el capítulo del reciclaje hemos revisado la estrategia a seguir con los residuos o la jerarquía (reducción, reutilización, reciclaje, valorización y deposición). Ahora bien, si reciclar es importante, la reducción de residuos -o la prevención- es aún mayor (primera opción en la pirámide). Incluso hay que priorizar el no generar o producir un residuo por encima de reciclarlo. En una sociedad donde la cultura del "usar y tirar" está cada vez más extendida y, donde en un instante los productos se convierten en residuos, resulta muy difícil cambiar nuestros hábitos.

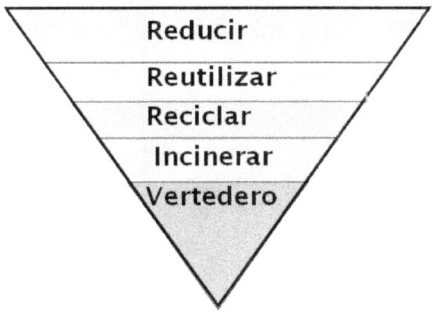

Cuando me planteé escribir el libro dudaba sobre si enfocarlo o no, hacia la reducción y prevención de residuos, en lugar de hacia el reciclaje. Sin embargo, ¿cómo demonios iba explicar que tenemos que reducir los residuos, si apenas reciclamos el 30-40% de nuestra basura? ¿Quién leería el libro? Así que opté por abordar los principios básicos de los residuos y explicar la importancia del reciclaje, y al menos, dedicar este capítulo a la reducción de residuos.

## El mejor residuo es el que no se genera

La reducción de residuos, o prevención, es el conjunto de medidas o actuaciones que se adoptan antes de que una sustancia, material o producto se convierta en un residuo y que contribuyen a reducir: la *cantidad* de residuos (incluidos la reutilización y el alargamiento de la vida útil de los productos), *su impacto negativo* en las personas o el medio ambiente y el contenido de *sustancias peligrosas* o nocivas.[171]

Estas medidas o actuaciones deben tomarlas, no solo los usuarios o consumidores de los bienes, sino también la industria y los fabricantes, cuya responsabilidad en las etapas de concepción y diseño del producto y distribución es de suma relevancia.

---

171. *Programa estatal de Prevención de residuos*, Ministerio de Agricultura, Alimentación y Medio Ambiente

## Prevención en la cocina: el ejemplo del huevo frito

*Este ejemplo que siempre me ha gustado:*

Teniendo en cuenta que el producto es el huevo frito y el residuo el aceite, se nos plantean las siguientes opciones:

**RECICLAR**: Al cocinar un huevo frito en una sartén se genera un residuo de aceite. Podemos poner este aceite en un pote y llevarlo al contenedor o Punto Limpio (Deixalleria).

**REUTILIZAR**: Una vez cocinado el huevo frito podemos guardar el excedente de aceite para poder reutilizarlo, por ejemplo para freír futuros huevos.

**REDUCIR**: Mantener en buen estado las sartenes antiadherentes de tal manera que apenas necesitemos aceite para cocinar el huevo. Si somos más atrevidos, incluso podemos hacer el huevo al horno o al microondas, reduciendo así al máximo el uso del aceite (residuo).

Este ejemplo ilustra a la perfección las opciones que hay para reducir la cantidad de residuos que generamos; a veces solo es cuestión de **voluntad**. Aunque está aumentando la conciencia ambiental de los consumidores, se deberían adoptar otras medidas para que las empresas y los fabricantes incorporasen acciones concretas de prevención de residuos.

En el ámbito de la industria, llama la atención la **obsolescencia programada** de muchos de los productos, los cuales están diseñados para durar un determinado número de años, lo que obliga al consumidor a volver a comprar (convirtiéndolo en cliente reincidente). Los sectores que deberían tomar medidas urgentes para alargar la vida útil de sus productos son: el de los electrodomésticos (aparatos eléctricos y electrónicos), muebles, téxtil neumáticos, envases...[172]

Los beneficios ambientales de la prevención de residuos son mayores que los del reciclaje, ya que si no producimos ese residuo reducimos en un 100% el consumo energético, no se utilizan los recursos naturales, no se contamina el agua ni el aire, no acaban los residuos en vertederos o incineradoras, entre otros beneficios. Por otro lado, también hay que remarcar los beneficios económicos que se derivan de no tener que tratar o reciclar los residuos.

Entre reducir y reciclar también existe el camino intermedio de la reutilización de los residuos u objetos y, a veces con una simple reparación, un objeto se puede volver a utilizar.

> Los beneficios ambientales de la reducción de residuos son mayores que los del reciclaje

En el ámbito internacional, hay un programa muy interesante de generación de residuo cero. A nivel municipal, existen diversas e interesantes iniciativas, como los mercados de segunda mano, Puntos Limpios o Deixalleries para recuperar los residuos, las guías de comercios de reparación o de reventa, los talleres para reparar objetos, o incluso las aplicaciones de compra-venta de objetos usados.

---

172. *Programa estatal de Prevención de residuos,* Ministerio de Agricultura, Alimentación y Medio Ambiente

## ¿Quieres saber más?

► *La increíble historia de una cuchara de plástico*, Greenpeace (ENG)

https://www.youtube.com/watch?v=eg-E1FtjaxY

🛈 Blog de Bea Johnson sobre cómo vivir sin generar residuos (ENG y FR)

http://www.zerowastehome.com

🛈 Blog de Lauren Singer sobre cómo vivir sin generar residuos (ENG)

http://trashisfortossers.com/

https://d2pq0u4uni88oo.cloudfront.net/projects/916110/video-458662-h264_high.mp4

🛈 Estrategia catalana de residuo cero, iniciativa ciudadana (CAT)

http://estrategiaresiduzero.cat/

► *Obsolescencia programada*, RTVE (CAST)

https://www.youtube.com/watch?v=24CM4g8V6w8

🛈 *Millor que nou 100% vell,* relación de comercios de reparación, mercados de segunda mano y talleres en el Área Metropolitana de Barcelona (CAST)

 http://millorquenou.cat/es

► *Recuprat*, programa de recuperación ce residuos en Punto limpio, El Prat del Llobregat (CAT)

https://www.youtube.com/watch?v=P1TEvl-R-FxY

# 9.

# RESIDUOS Y CALENTAMIENTO GLOBAL DE LA TIERRA

El efecto invernadero es necesario para que haya vida en la Tierra. Sin embargo, las acciones de los humanos están incrementando este efecto invernadero y la consecuencia es que la **Tierra se calienta.**

Alrededor de nuestro planeta, hay una capa de gases (principalmente el metano $CH_4$ y el dióxido de carbono $CO_2$) que funciona como el vidrio de un invernadero: permite pasar la energía de los rayos solares ultravioleta, pero impide pasar los rayos infrarrojos o de calor (al llegar a la Tierra los rayos ultravioleta rebotan y se transforman en infrarrojos).

El problema radica en que hemos ensanchado la capa de gases *(el grosor del vidrio)*, el efecto invernadero es cada vez mayor, se escapa menos energía y se calienta el planeta.

# El efecto invernadero es necesario para que haya vida en la Tierra

Los seis principales gases de efecto invernadero (GEI) identificados en el Protocolo de Kyoto que provocan el efecto invernadero son:

- Dióxido de carbono $CO_2$
- Metano $CH_4$
- Óxido nitroso $N_2O$
- Vapor de agua
- Ozono
- Gases halocarbanatos HFC, PFC, $SF_6$, $NF_3$

El total de gases de efecto invernadero (o GEI) también se conoce como "la huella de carbono," y corresponde a la suma de la equivalencia en $CO_2$ de cada gas.

Las emisiones[173] mundiales de GEI (gases de efecto invernadero) en el año 2010 fueron de casi 49 Gt[174] de $CO_2$ eq, prácticamente el doble con respecto al año 1970 que eran de 27.000 toneladas.

El total de emisiones[175] de GEI en Cataluña en el 2012 superó los 43 Mt[176] de $CO_2$ eq. En España fue más de 340 y en Europa (UE-28) 4.544 Mt $CO_2$ eq. Cada catalán emitió una media casi 6 toneladas de $CO_2$ eq. en el año 2012.

La emisión de gases de efecto invernadero se ha doblado desde 1970

El sector que más contribuye al efecto invernadero es el de la energía (procesamiento de la energía) y se le puede llamar "El Sector," ya que contribuye con más del 75% del total de GEI en Cataluña[177]en el 2012. Le sigue el sector de la agricultura con casi el 10%; la industria, con más del 8%; y en cuarto lugar las emisiones relacionadas con los residuos (tratamiento y gestión), con un 6% en el año 2012, que en el año 2014 descendieron hasta un[178] 3%. y supone casi un 0,8 Mt $CO_2$ eq. Las emisiones GEI de los residuos son principalmente de metano $CH_4$ (en un 92%) y la mayoría (en un 89%) se producen en los vertederos.[179] Los residuos que generamos contribuyen al calentamiento de la Tierra, mediante el efecto invernadero.

---

173. *Cambio climático 2014, Mitigación para el Cambio climático, Resumen para responsables de políticas*, Grupo Intergubernamental de Expertos sobre el Cambio Climático (IPPC). PNUMA. ONU
174. 1 Gt o Gigatonelada = 1.000.000.000 toneladas = 1.000.000.000.000 000 kg = $10^{15}$ kg
175. "Quinto informe de progreso en Cataluña sobre los objetivos de Kyoto," Oficina Catalana del Cambio Climático
176. 1 Mt o Megatonelada = 1.000.000 toneladas = 1.000.000.000 Kg = $10^9$ kg
177. "Quinto informe de progreso en Cataluña sobre los objetivos de Kyoto," *op.cit.*
178. "La gestión de los residuos y su impacto en el cambio climático," Estadísticas 2014, Agencia de Residus de Catalunya.
179. "Quinto informe de progreso en Cataluña sobre los objetivos de Kyoto," *op.cit.*

## Los residuos que generamos contribuyen al calentamiento de la Tierra

Gracias a la correcta gestión de una parte de los residuos se consiguió reducir estas emisiones, evitando[180] casi 0,7 Mt $CO_2$ eq. en el año 2014. Sin embargo, en 2010 las emisiones del tratamiento y gestión de residuos fueron casi el doble de las emitidas en 1990 (incremento del 93%).

Veamos a continuación a qué cantidades concretas nos referimos al hablar de los beneficios (en GEI) que reporta el reciclaje de cada fracción de residuos:

|  | GEI EVITADOS* (1kg $CO_2$ por 1 kg de) | Equivalencia** Km en coche por 1 kg |
|---|---|---|
| Vidrio | 0,31 | 2 |
| Orgánica | 0,80 | 5 |
| Plásticos | 1,14 | 7 |
| Acero | 1,62 | 10 |
| Papel- cartón | 2,94 | 17 |
| Aluminio | 8,87 | 52 |

**GEI Evitados[181] *Equivalencia[182]

---

180. "La gestión de los residuos y su impacto en el cambio climático," Estadísticas 2014, Agencia de Residus de Catalunya
181. "Municipal Solid Waste Generation, Recycling, and Disposal in the United States," Facts and Figures for 2012, United States Environmental Protection Agency
182. Factor determinado sobre: Ahorro de las emisiones de $CO_2$ en los productos de la xarxa compra reciclat . Coche tipo EURO 4

Respecto a 1 kilogramo de las distintas fracciones, se muestra la equivalencia en kilómetros que puede hacer recorrer un coche produciendo la misma emisión de GEI. Por ejemplo, **reciclar 1kg de papel equivaldría a evitar las emisiones de un coche durante 17 km** (desde Barcelona hasta el Aeropuerto del Prat). A destacar, que el reciclado del aluminio es el que más gases GEI evita.

En conclusión, la separación de los residuos en diferentes fracciones o cubos de basura con su posterior reciclaje y compostaje es la mejor opción -en cuanto a la gestión y tratamiento de residuos- para reducir el efecto invernadero del planeta,[183] con el menor flujo neto de GEI.

La separación y el reciclaje de residuos
es la mejor opción para reducir el
calentamiento global de la Tierra

---

183. "Waste management options and climate change," Comisión Europea

## ¿Quieres saber más?

▶ *Una verdad incómoda,* película ganadora de un Oscar de la Academia de Hollywood, del expresidenciable estadounidense Al Gore *(¡Qué gran presidente hubiera sido!).* Película completa (CAST)

https://vimeo.com/36522029

▶ Resumen película

https://www.youtube.com/watch?t=417&v=H0jDnbIsL1M

▶ Leonardo Di Caprio en la Cumbre del Clima de 2014 en la ONU

https://www.youtube.com/watch?v=vTyLSr_VCcg

ℹ Cambio climático (CAST y CAT):

http://www.un.org/climatechange/es/

http://canviclimatic.gencat.cat/es/el_canvi_climatic/efecte_hivernacle/index.html

http://residus.gencat.cat/web/.content/home/ambits_dactuacio/tipus_de_residu/residus_municipals/residus_i_canvi_climatic/arc_monlocal_fulleto_a4_online.pdf

# 10.

# ECONOMÍA Y RESIDUOS

El reciclaje de los residuos no solo tiene efectos positivos sobre el medio ambiente sino también a nivel económico, puesto que contribuye al PIB, y a nivel social, como generador de empleo.

## 10.1. PIB y residuos

Los residuos como toda actividad de sociedad actual forman parte de la economía. Contribuyen a la generación de riqueza, producen bienes y servicios, y también generan empleo.

### ¿Qué es el PIB?

El PIB (Producto Interior Bruto) es un concepto que se usa en macroeconomía para medir las operaciones y flujos de la economía en un país o región, con el fin de obtener una visión de conjunto.

Con palabras algo más técnicas, se define el PIB como el valor de mercado monetario de la producción de bienes físicos y servicios finales realizados en una economía en un año por los factores productivos localizados en el país.

### ¿Cuánto contribuye el sector residuos al PIB?

En Cataluña se estima que su contribución para el año 2013 fue del orden de 12.000 M€, es decir, el 6% del PIB catalán.[184] En España se estima en casi 11.000 M€ para el año 2011, lo que supone el 1% del PIB en español.[185] En Europa[186] (UE27) se estima la contribución del sector residuos es más de 130.000 M€/año para el año 2012 que representa un 1% del PIB europeo. Según el Programa de las Naciones Unidas para el Medio Ambiente (UNEP), el mercado mundial[187] de los residuos se estima en 410.000M€ para el año 2011, lo que supondría un 0,6% del PIB mundial.

---

184. Generalitat de Catalunya
185. Solo se dispone del solo el dato del 3,6% para el conjunto del sector ambiental. Se supone que el 30% de contribución es debido al sector residuos
186. 1% en "Materias resources and waste", 2012, y 0,75% en "El Medio Ambiente y Europa" SOER 2011, ambos estudios de la Agencia Europea del medio ambiente de la Unión Europea
187. Programa General de Prevención y Gestión de residuos de Cataluña 2013-2020

# El sector residuos supone el 6% del PIB catalán, y el 1% del PIB español y europeo

Para generar esta actividad económica en el sector residuos, participan diferentes empresas en la gestión y tratamiento de residuos: en Cataluña[188] (año 2013) 900 empresas; en España[189] (año 2010) un total de 2.400 empresas. En Cataluña,[190] a estas 900 empresas de tratamiento y gestión directa de residuos se debería añadir 2.900 empresas transportistas de residuos, y así como las de fabricación de maquinaria y las de servicios de ingeniería y consultoría.

## Relación entre PIB y residuos

Los datos históricos indican que en la mayoría de los países industrializados hay una relación directa entre la generación de residuos y la actividad económica.

A lo largo del tiempo, y en concreto a raíz del progreso experimentado en el siglo XX tanto desde el punto de vista tecnológico, como en el desarrollo de la sociedad y económico, el PIB aumentó 23 veces, la extracción de minerales 27 veces, el consumo de combustibles fósiles 12 veces y la extracción total de materiales 8 veces, entre otros datos.[191]

---

188. Generalitat de Catalunya,
189. "Estudio del sector económico del medio ambiente en España 2011," Fundación Fórum Ambiental.
190. Programa General de Prevención y Gestión de residuos de Cataluña 2013-2020
191. "Desacoplar el uso de los recursos naturales y los impactos ambientales del crecimiento económico," 2011, ONU-PNUMA

Por otro lado, si revisamos el PIB de diferentes países europeos y su generación de residuos municipales (indicador aproximado del consumo de parte de los recursos) vemos:

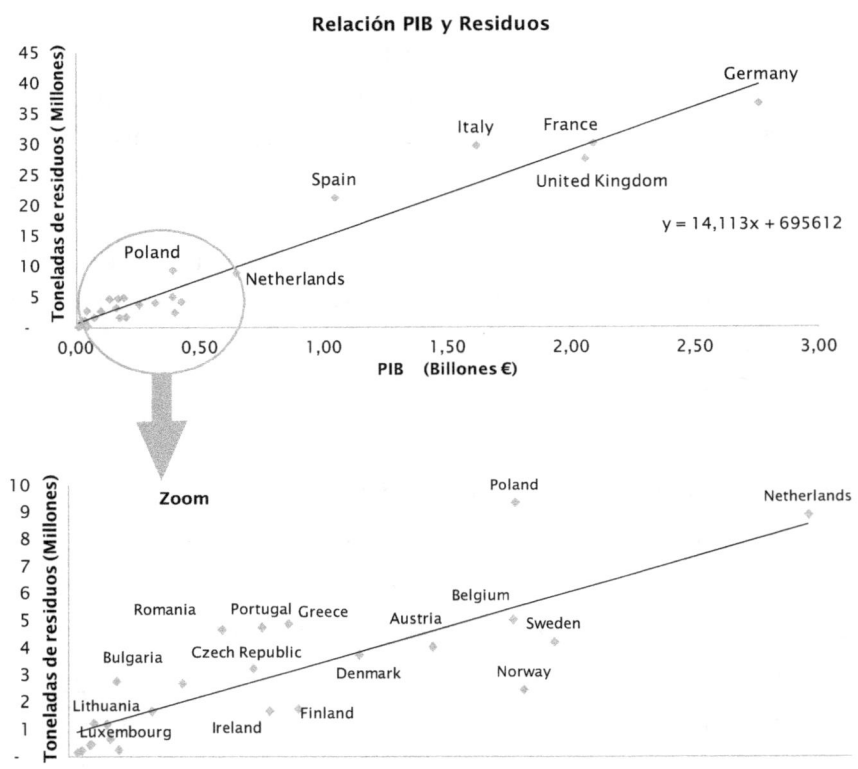

Fuente: Datos oficiales de EUROSTAT, con PIB y residuos municipales del año 2012

El gráfico muestra una clara tendencia general: a mayor nivel de riqueza o desarrollo de un país (PIB), mayor es su generación de residuos.

Esta tendencia implica que **si un país quiere progresar en su desarrollo generará más residuo**s, con el modelo actual. Por ejemplo, si España (con un PIB = de 1 billón de euros y generando 21 millones de toneladas/año) se propusiese aumentar el PIB en 1 billón más, igualando así al Reino Unido, la generación de residuos municipales aumentaría en más de 6 millones de toneladas/año (hasta los 27 millones de toneladas/año).

Existe una relación directa entre el aumento de riqueza o PIB de un país y el aumento de residuos

Debido a la escasez de los recursos naturales mundiales, que recordemos son finitos, la sobrexplotación de materias es una de las principales prioridades a nivel mundial, tanto para la ONU como para la UE.[192] Así pues, es necesario desarrollar la actividad económica y de producción (para conseguir el bienestar humano) reduciendo tanto el consumo global como los impactos de la extracción de los recursos naturales.

Por todo ello, es importante insistir y trabajar en la dirección de la reducción de los residuos (*véase el capítulo 8*), la desmaterialización y eficiencia de la economía, y el desarrollo de nuevos conceptos o mediante herramientas como la economía circular (*véase el capítulo 10.4*).

---

192. "Europa 2020," es la estrategia de crecimiento de la UE para la próxima década.

## 10.2. Reciclar es más barato que no hacerlo

Los ayuntamientos, por una lado reciben ingresos por los residuos reciclados mientras que por otro están pagando impuestos por los residuos no separados de manera correcta, la fracción rechazo que acaba en incineradoras o vertederos.

Los residuos que se depositan en el contenedor de la fracción rechazo, normalmente de color gris, no solo no reportan ningún tipo de ingreso, sino que además ocasionan unos costes añadidos. Al igual que en muchos países europeos, en Cataluña los residuos que van a incineradora y a vertedero deben pagar unos impuestos: 9 €/tonelada en el caso de la incineradora y 19 €/tonelada en el caso de vertedero (año 2015).

Además, se estima que los residuos y materiales que se envían anualmente a los vertederos europeos podrían tener un valor comercial total cerca de los 5.250 millones[193] de euros.

Los residuos no reciclados del contenedor gris pagan un impuesto en incineradoras y vertederos

---

193. "Being wise with waste: the EU's approach to waste management," Comisión Europea

Uno de los principales ingresos relacionados con los residuos de los ayuntamientos procede de la venta de papel y cartón del contenedor azul. En la mayoría de ayuntamientos existen convenios con gremios de recuperadores que compran este material a cambio de una compensación económica. Cabe resaltar que el proceso es muy transparente, con trazabilidad y bien organizado.

Cuanto más se recicla,
más ingresos se generan a los
ayuntamientos y a la vez se reducen gastos

También generan ingresos para los municipios los Sistemas Integrales de Gestión o SIG (entidades sin ánimo de lucro, aunque están gestionadas por las grandes empresas productoras). Según la ley, los productores de residuos tienen que hacerse cargo de los residuos que genera su actividad comercial, de acuerdo con el principio de **quien contamina paga,** que en el sector residuos también se considera *la responsabilidad ampliada del productor.* De una manera ordenada, transparente y eficiente estos productores se ponen de acuerdo con los ayuntamientos para asumir la recogida de residuos a cambio de unos ingresos económicos. Es decir transfieren su responsabilidad a cambio de un pago por los servicios prestados.

De todos modos, no olvidemos que estos ingresos suelen provenir de los clientes o ciudadanos que compramos estos productos, ya que las empresas han incluido en el precio final el impuesto que deben pagar por cada envase que ponen en el mercado. Entre estos SIG destacan: Ecoembes (para envases de plástico, metal y mixtos), Ecovidrio (envases de vidrio), Ecopilas (pilas y acumuladores), Ambilamp (Bombillas y fluorescentes), OFIRAEE (aparatos eléctricos y electrónicos de los Puntos Limpios o Deixalleries), SIGRE (medicamentos), Signus (neumáticos). Los ingresos que aportan estas empresas a los ayuntamientos son variables, en el sentido de que **cuanto más se recicla más se ingresa.** Cabe añadir que muchos de estos ingresos -controlados y distribuidos por los SIG- no cubren los gastos que conlleva la recogida de los residuos.

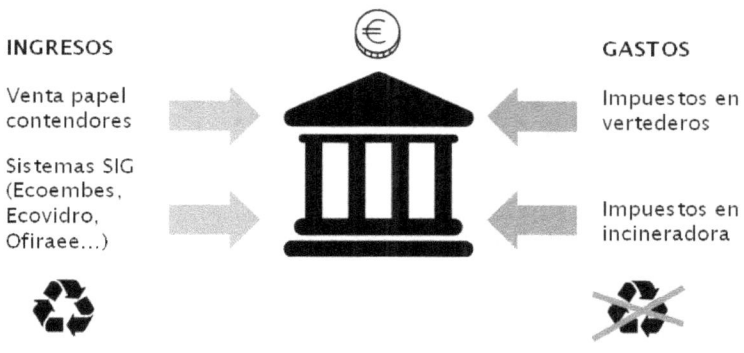

A modo de resumen, se pude decir que los residuos que van a los contenedores de reciclaje no implican un coste directo al ciudadano y además generan unos ingresos a los ayuntamientos proporcionales a las toneladas de residuos reciclados. En cambio, los residuos no reciclados que acaban en vertederos o incineradoras no solo no producen un ingreso sino que además tienen que pagar unas tasas por su tratamiento.

# Nos cuesta más el tratamiento de los residuos mezclados que el de los reciclados

El tratamiento de los residuos de la fracción rechazo o mezclados cuesta unos 89 €/tonelada,[194] mientras que si se depositan en el contenedor marrón para hacer compost tan solo cuestan 51 €/tonelada. El tratamiento de los residuos de los contenedores de papel, envases y vidrio no implica coste alguno a los ayuntamientos -ni a ciudadanos- ya que lo costean las empresas a través de los mencionados SIG.

---

194. Precio público por el servicio de tratamiento de residuos urbanos para su eliminación definitiva de la Diputación Foral de Bizkaia, Estudio del Ayuntamiento de Udaltalde

**¿Quieres saber más?**

▌ ► Campaña del Ayuntamiento de Udaltalde: "¿Por qué tirar dinero a la basura?"

http://ut21.org/noticias_mas-c.php?id=609

▌Páginas de los SIG

 https://www.ecoembes.com 

http://www.ecovidrio.es/ 

http://www.ofiraee.es/ 

http://www.sigre.es/ 

http://www.signus.es/ 

http://www.ecopilas.es/ 

http://www.ambilamp.es/

## 10.3. Reciclar genera empleo: menos basura más empleo

Tal vez las bondades medioambientales del reciclaje que hemos vistos en capítulos anteriores no convenzan a aquellos que carecen de un sentido ecológico desarrollado, o de concienciación sobre el medio ambiente. Ahora bien, todo el mundo es consciente de la importancia del empleo, sobre todo con la experiencia de la última crisis económica.

En este sentido, es una realidad que hoy en día, el sector residuos genera empleo y ocupación directa: en Cataluña[195] cerca de 28.000 personas en 2013 (el 0,7% de la población activa); en España[196] más de 140.000 personas en 2010 (supone el 0,6% de la población activa); y en Europa[197] (EU27) un total de 1,8 millones de empleos según datos de 2006; en USA eran 1 millón en 2002. A estos datos se debería añadir la ocupación indirecta.

195. Generalitat de Catalunya
196. "Estudio del sector económico del medio ambiente en España 2011," Fundación Fórum Ambiental.
197. "More jobs, less waste," Friends of Earth, 2010

El tratamiento de los residuos reciclados incluye diferentes tipos de operaciones más complejas que el simple hecho de enterrar basura o quemarla, y por eso requiere más puestos de trabajo. En la siguiente tabla se muestra la generación de puestos de trabajo en USA[198] y en la Unión europea (UE[199]) por cada 10.000 toneladas de residuos tratadas por año, en función de las operaciones a realizar:

| | Puestos de trabajo por 10.000 toneladas/año | |
|---|---|---|
| | USA | UE |
| Reciclaje de residuos | | 250 |
| Planta de recuperación de materiales | 10 | |
| Planta de reciclado de papel | 18 | |
| Planta de reciclado de vidrio | 26 | |
| Planta de reciclado de plástico | 93 | |
| Planta de compostaje | 4 | |
| Vertedero | 1 | 20-40 |
| Incineradora | | 10 |

Aunque los datos son dispares, es evidente que en USA la escala de puestos de trabajo, en una planta de recuperación de materiales es x10 veces superior a la del vertedero o incineradora, y aumenta de manera significativa en la plantas de reciclado (papel x18 veces, vidrio x26 o plástico x93). En el caso de los datos europeos se mantiene la misma escala de aumento de empleo x10 veces.

---

198. "More jobs, less waste," Friends of Earth, 2010, y también en "La incineración de residuos en cifras," Greenpeace, 2010
199. "Un paso adelante en el consumo sostenible de recursos: estrategia temática sobre prevención y reciclado de residuos," Comunicado de la Comisión Europea al Parlamento Europeo, Bruselas 2005

# El reciclaje de los residuos permite aumentar x10 veces la generación de empleo

En la misma dirección se constata el crecimiento de empleo en el Área Metropolitana de Barcelona,[200] ya que cuando se llevaba la mayoría de los residuos al vertedero (Vall de Sant Joan, en el Garraf), trabajaban unas 80 personas, y en la actualidad hay casi 800 personas trabajando en las plantas de tratamiento y gestión de residuos. Se vuelve a replicar, como mínimo, el factor x10 veces como multiplicador en la generación de empleo.

---

200. "Los residuos generan empleo," *El Periódico de Cataluña,* 17 Enero 2015

Como hemos comentado, en Europa se recicla en la actualidad el 42% de los residuos generados y en el sector del reciclaje hay empleados 1,8 millones de personas. Pues bien, si se consiguiese llegar a la cota del reciclaje del 70%, se podrían generar más de 500.000 puestos de trabajo[201] nuevos (recordemos algunas de las cifras de paro: Cataluña,[202] 659.600 personas; España[203]= 4.850.800 personas; y Europa[204]=22 Millones de personas.

El reciclaje del 70% de los residuos de la UE supondría la creación de 500.000 empleos

El reciclaje de la fracción orgánica[205] presenta una oportunidad similar. Recordemos que en la actualidad en España solo se recoge por separado el 17% de la materia orgánica y que se estima que genera, a día de hoy, casi 11.500 empleos directos. Pues bien, si se recogiese selectivamente y se tratase el 80% de la materia orgánica de las casas y de las actividades comerciales, se generarían casi 5.200 puestos de trabajo, de modo que se alcanzaría un total 16.700 puestos de trabajo relacionados con el reciclaje de la materia orgánica.

---

201. "More jobs, less waste," Friends of Earth, 2010
202. Datos INE 3er trimestre de 2015
203. *Ibidem*
204. EUROSTAT, noviembre de 2015
205. "La generación de empleo en la gestión de la materia orgánica de residuos urbanos en el marco de la generalización de la recogida selectiva," Instituto Sindical de Trabajo, Ambiente y Salud (ISTAS) de Comisiones Obreras

**¿Quieres saber más?**

**1** Resumen del informe de Amigos de la Tierra, "Más trabajo, menos basura" (ENG)

http://www.foeeurope.org/press/2010/Sep14_half_million_new_jobs_could_be_created_by_recycling_more.html

**1** "La generación de empleo en la gestión de la materia orgánica de residuos urbanos en el marco de la generalización de la recogida selectiva," Institut Sindical de Trabajo, Ambiente y Salud (ISTAS) de Comisiones Obreras (CAST)

http://www.istas.net/web/abretexto.asp?idtexto=4071

**1** "La incineración de residuos en cifras,' Greenpeace, 2010 (CAST)

http://www.greenpeace.org/espana/Global/espana/report/contaminacion/100720.pdf

## 10.4. Residuos como recursos: hacia una economía circular

La disponibilidad de los recursos que extraemos del planeta cada vez es menor, y por el contrario, el consumo de recursos cada vez es mayor, sobre todo en países desarrollados. Por tanto, la disponibilidad de recursos (no renovables) es uno de los retos importantes de nuestra sociedad para, por un lado, poder garantizar la calidad de vida y la supervivencia de sus habitantes, y por otro lado, para que las economías sean competitivas y sostenibles, en un futuro no muy alejado. Necesitamos recursos.

La elaboración de productos o bienes de consumo se viene produciendo de manera *lineal* donde: se extraen las materias primeras; se produce; se consume; y luego se rechaza, en su mayoría a vertedero. Desde hace unos años está cogiendo fuerza un concepto que pretende transformar la producción *lineal* en *circular*, de tal manera que los residuos se conviertan en recursos con los que producir de nuevo bienes y servicios, y cerrar así "el ciclo de vida de los productos," imitando el ciclo biológico de la naturaleza. Este nuevo concepto se denomina "economía circular."

## ECONOMÍA LINEAL

**EXTRAER**  **PRODUCIR**  **TIRAR**

## ECONOMÍA CIRCULAR

**EXTRAER** 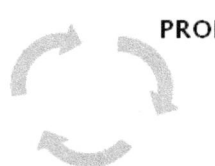 **PRODUCIR**

Ecodiseño
Eficiencia
Alargascencia
Modelos de negocio

**REUTILIZAR**
**ARREGLAR**
**RECICLAR**

Los productos de hoy pueden convertirse en
los recursos del mañana

Algunos de los principios sobre los que se basa la economía circular son los siguientes:

● Modelo económico global: Se pretende desvincular el crecimiento económico y el consumo de los recursos finitos, con el objetivo de desarrollar una economía resiliente y que funcione a largo plazo.

● Eco-concepción: El diseño se orienta al uso eficiente de los materiales, teniendo en cuenta el impacto ambiental de los productos durante su el ciclo de vida, integrándolo en su concepción (para poder reciclarlos o aprovecharlos mejor). Los productos son de larga vida, desmontables, que se puedan reparar con facilidad, etc.

● Economía de oportunidades y de funcionalidad: Se implusan nuevas oportunidades en cuanto a diseño, productos y servicios, modelos de negocio. Por ejemplo convertir un producto en un servicio (como por ejemplo el alquiler de pantalones tejanos http://www.mudjeans.eu/). Otro ejemplo son los parques eco-industriales, donde lo que para unas industrias son residuos son materia prima para otras.

Por supuesto, hay que añadir también principios ya comentados como la reutilización, la reparación o el reciclaje.

El reciclaje de residuos ayuda a aliviar la presión sobre el entorno que genera la necesidad de recursos y materias primas para fabricar productos. En el año 2006,[206] el reciclaje de residuos cubría el 41% del consumo de papel, el 42% del consumo de hierro y acero, el 14% del consumo del vidrio y el 4% del consumo de los plásticos.

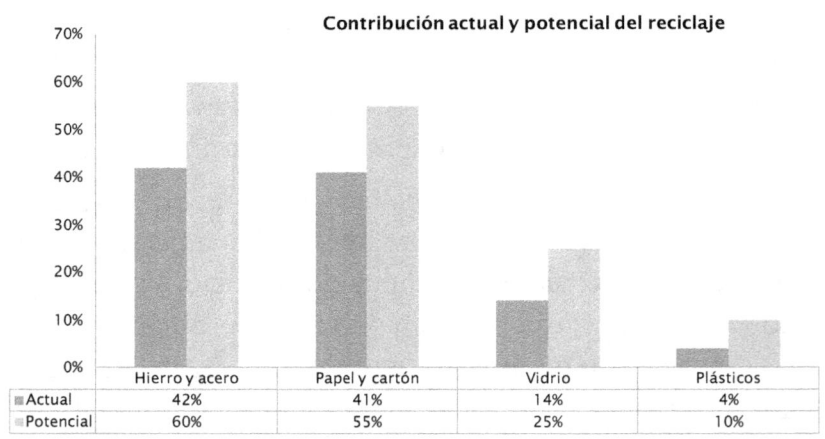

| | Hierro y acero | Papel y cartón | Vidrio | Plásticos |
|---|---|---|---|---|
| ■ Actual | 42% | 41% | 14% | 4% |
| ▪ Potencial | 60% | 55% | 25% | 10% |

Reciclando más podríamos aumentar la cobertura de la necesidad de recursos, pero no del todo. El potencial de cobertura del consumo para el hierro-acero es del 60%, para el papel es del 55%, para el vidrio del 25% y para los plásticos en torno al 10%

El reciclaje ayuda a reducir la presión sobre nuestro entorno, pero no es suficiente

206. "Ingresos, empleo e innovación: el papel del reciclaje en una economía verde," Estudio Agencia Europea del medio ambiente, Copenhague, 2011, publicado por el Ministerio MAGRANA

Es necesario el cambio de concepción de una economía lineal a una circular. Seguro que no es fácil y que requiere una colaboración entre todos, la sociedad civil, los políticos y el mundo empresarial. Es preciso impulsar políticas de producción y consumo sostenible, reorientar procesos productivos y desarrollar nuevos modelos de negocio.

La economía circular beneficia al medio ambiente (frena el cambio climático, ahorra energía y agua, reduce la emisión de productos contaminantes) y a la sociedad (genera empleo, potencia oportunidades para nuevos negocios, favorece el crecimiento y la competitividad).

## ¿Quieres saber más?

► Vídeo animado del Parlamento Europeo sobre la economía circular (ENG sub CAST):

http://europarltv.europa.eu/es/player.aspx?pid=b14e4401-dea5-4b47-ac67-a517009f495e

► Vídeo animado de Ellen MacArthur Foundation (ENG):

https://www.youtube.com/watch?v=zCRKvDyyHmI

►"Economía circular," *Programa el Escarabajo verde*, RTVE (CAST)

http://www.rtve.es/alacarta/videos/el-escarabajo-verde/escarabajo-verde-economia-circular/2828228/

▌Información (CAST, ENG, ENG)

http://economiacircular.org/

http://ec.europa.eu/environment/circular-economy/index_en.htm

http://www.ellenmacarthurfoundation.org/

▌Estudio de la Agencia Europea del Medio Ambiente, publicado por el Ministerio: "Ingresos, empleo e innovación: el papel del reciclaje en una economía verde "(CAST)

http://www.magrama.gob.es/es/calidad-y-evaluacion-ambiental/publicaciones/PAPEL_DEL_RECICLAJE_ECONOMIA_tcm7-312901.pdf

▌La economía circular y sus escuelas de pensamiento

http://www.ecointeligencia.com/2013/03/economia-circular-y-sus-escuelas/

# EPÍLOGO:
# RECICLAR EN BREVE

Para centrar el problema de la basura, debemos tener en cuenta que los residuos son un problema de **escala y orden**. Orden en el sentido que a todos nos gusta tener la casa ordenada, que cada cosa esté en su sitio y haya un poco de organización. Con escala me refiero a que cada vez somos más en el planeta y ha llegado un punto en el que somos tantos y consumiendo tantos recursos de nuestro planeta finito y limitado, que estamos empezando a alterar seriamente nuestro entorno y a provocar cambios irreversibles. De hecho, los científicos han anunciado que nuestro planeta Tierra ya ha entrado en una nueva era geológica, llamada *Antropoceno*.[207]

---

207. Joaquim El Cacho, "Nuestra Huella lleva a la Tierra a una nueva era geológica: El Antropoceno," *La Vanguardia,* 8 Enero 2016.
http://www.lavanguardia.com/natural/20160108/301268685638/estudio-confirma-inicio-antropoceno-impacto-humanos-planeta-tierra.html

Mi segunda reflexión está relacionada con el porqué es importante reciclar. En síntesis diría que para **evitar los impactos negativos en el medio ambiente** debido al calentamiento global y desde luego la contaminación de la atmósfera y el agua, y por otro lado, para evitar también la creciente **escasez de recursos** de nuestro planeta, que se puede solventar, en cierta medida, reciclando la basura que generamos.

Reciclar cuida nuestro entorno, garantiza una calidad de vida a nosotros y a las generaciones futuras y... nos hace sentir más felices

Espero que hayáis disfrutado del libro, que os haya divertido y que haya despertado, al menos, cierta curiosidad por el *apasionante mundo del reciclaje*. Para saber más sobre reciclar, la basura o los residuos, y estar actualizados sobre estos temas, os espero en el blog www.stopbasura.com

Gracias por tu tiempo dedicado a *Stop basura*. Si te ha gustado y crees que te ha sido útil para comprender el mundo del reciclaje, te agradecería que dejases tu opinión en Amazon. Tu apoyo es muy importante para que pueda seguir explicando la importancia de reciclar nuestros residuos. Me comprometo a leer todas las opiniones e intentaré dar *feedback* para mejorar el libro. Puedes dejar tu opinión en la página del libro en Amazon en apartado de "opiniones de clientes" www.amazon.com.

Gracias por tu interés, tiempo y atención. Un saludo.

Alex

## Agradecimientos

A Ignacio García-Bermúdez, por su gran ilustración de portada. Si os ha gustado, podéis ver otros trabajos suyos en:

https://www.instagram.com/igb78/

A Mercedes Puigmartí, por su estupenda corrección de estilo y texto que ha realizado. Un lujo poder contar con ella. Grandes aportaciones e ideas

A Maria Pfaff por sus grandes ideas y aportaciones en la contraportada

A todos mis formadores, a mis padres y a mis hermanos, a mis jefes en diferentes trabajos, en especial a Antonio Boscadas, quién siempre ha creído en mí y de quien sigo aprendiendo

A Jordi Figueras, técnico municipal del Ayuntamiento de Barcelona, que me enseñó la pasión y conocimiento del sector de los residuos y limpieza viaria.

Al Ayuntamiento y a los ciudadanos del Prat del Llobregat, agradecerles el trabajo que me proporcionan, y su gran compromiso con la gestión de los residuos municipales que me ha llevado a esforzarme por conocer, entender y poder explicar la gestión de los residuos municipales

A mis compañeros de profesión, a los técnicos municipales que me aportan muchas experiencias de mejora y que hacen un gran trabajo en la sombra

A mis amigos que siempre están ahí